海洋"双评价"研究和海洋"两空间一红线"划定的浙江省实践

王志文　陈培雄　著

海洋出版社

2024年·北京

图书在版编目（CIP）数据

海洋"双评价"研究和海洋"两空间一红线"划定的浙江省实践/王志文，陈培雄著 . —北京：海洋出版社，2024.8. -- ISBN 978-7-5210-1288-0

Ⅰ. X321.255；P74

中国国家版本馆 CIP 数据核字第 2024U7B083 号

策划编辑：江　波
责任编辑：刘　玥
责任印制：安　淼

海洋出版社　　**出版发行**

http：//www.oceanpress.com.cn

北京市海淀区大慧寺路 8 号　　邮编：100081
涿州市殷润文化传播有限公司印刷　　新华书店经销
2024 年 8 月第 1 版　　2024 年 8 月北京第 1 次印刷
开本：787mm×1092mm　　1/16　印张：9
字数：200 千字　定价：98.00 元
发行部：010-62100090　总编室：010-62100034

海洋版图书印、装错误可随时退换

前　言

　　资源环境承载能力评价和国土空间开发适宜性评价（以下简称"双评价"）是国土空间规划编制的重要基础。国土空间规划明确提出将海洋国土空间划分为"两空间内部一红线"（以下简称"两空间一红线"），即海洋生态空间和海洋开发利用空间，在海洋生态空间内划定海洋生态保护红线，并在各级各类国土空间规划中落实。要求在"双评价"的基础上，结合生态保护红线评估调整和自然保护地整合优化等工作，通过省级和市县级国土空间规划、海岸带综合保护与利用专项规划编制，逐级划定落实海洋"两空间一红线"，细化用海分类和用途管制要求。

　　基于国家"两空间一红线"试点要求、省级国土空间规划编制要求以及《资源环境承载能力和国土空间开发适宜性评价指南》，本书研究建立了适用于浙江省海域范围的海洋生态保护重要性和海洋开发利用适宜性评价体系，提出了浙江省海洋"两空间一红线"的划定建议及海洋资源开发利用与保护策略。

　　本书共分为 8 章。第 1 章，绪论，主要阐述研究背景、研究意义，介绍相关理论基础、国内外研究进展，阐明海洋"双评价"和海洋"两空间一红线"的基本内涵和内在联系，进而提出基于海洋"双评价"的海洋"两空间一红线"划定的研究方法和技术路线。

　　第 2 章，区域环境与社会经济概况，系统梳理浙江省海洋基础自然条件、社会经济条件及海洋资源开发保护现状，提出目前浙江省海洋开发保护中存在的问题。

　　第 3 章，海洋生态保护重要性评价，从海洋生物多样性、维护功能重要性、海岸防护功能重要性、海岸侵蚀及沙源流失脆弱性等方面，建立浙江省海洋生态保护重要性评价指标体系，对海域、海岸线、无居民海岛生态保护重要性评价结果集成后识别海洋生态保护极重要区和重要区。

　　第 4 章，海域开发利用适宜性评价，从海水养殖、港口建设、海上风电和旅游休闲四类浙江省海洋主要开发利用方向出发，分别建立海洋开发利用适宜性评价指标体系，识别不同开发利用方向下的适宜区、一般适宜区和不适宜区。

第 5 章，海洋生态空间选划，以浙江省海洋生态保护重要性评价成果为基础，统筹集成浙江省海洋开发利用适宜性评价成果、生态保护红线评估调整结果、浙江省国土空间总体规划初步成果、浙江省海岸带综合保护与利用规划初步成果等，开展海洋生态空间选划。

第 6 章，陆海统筹开发利用要素布局，以浙江省海洋开发利用适宜性评价成果为基础，从陆海联运交通设施布局、陆源排污倾倒设施布局、跨海电力通信管线布局、海上风电设施空间布局、海上养殖空间布局、亲海空间布局以及海岸带防灾减灾布局等方面，推动陆海统筹的开发利用格局优化。

第 7 章，海洋空间格局划分，根据海洋"双评价"等研究成果，识别处理保护与开发空间的相关矛盾，统筹划定海洋"两空间一红线"总体格局，并进一步开展海洋开发利用空间规划分区试划，提出相应的管控要求。

第 8 章，结论与建议，从统筹陆海生态保护、加强陆海一体化开发、打造滨海景观风貌和盘活存量围填海等方面提出陆海统筹的保护与开发利用政策建议。

本书是集体智慧和力量的结晶，是在大家的通力协作下完成的。在编写过程中，从确定框架结构的编写大纲，到具体每个章节的实际撰写，都经过了大量的讨论和交流，倾注了大家的心血。其中，汪雪参与撰写了第 1 章、第 2 章、第 6 章、第 7 章；赖瑛参与撰写了第 2 章、第 8 章；周鑫参与撰写了第 3 章、第 5 章、第 7 章；俞蔚、丁晨妍参与撰写了第 6 章、第 7 章；彭欣参与撰写了第 3 章、第 5 章；岳文泽参与撰写了第 1 章、第 3 章；叶观琼参与撰写了第 4 章；李森林参与撰写了第 3 章、第 4 章；全书的统稿工作由王志文和陈培雄完成。在本书的编写过程中，我们参考、引用了大量的相关文献，在此向各位作者表示衷心的感谢！所引用的文献尽量给予了注明，但恐有疏漏之处，不周之处敬请谅解！

由于我们的学识、能力与水平有限，加之海洋"双评价"是一项全新的工作，在评价的方法和指标体系上，我们仅仅做了一些有益的实践探索和尝试，在评价的深度和广度上还有不足，因此期待同行、专家给予批评指正，我们将致力于不断修改和完善。

编写组

2022 年 12 月

目　录

第1章

────── 绪论

1.1 研究背景和研究意义

"双评价"是资源环境承载能力评价和国土空间开发适宜性评价的简称。资源环境承载能力是指在一定发展阶段的经济技术水平和生产生活方式，在一定地域范围内资源环境要素能够支撑的农业生产、城镇建设等人类活动的最大规模。国土空间开发适宜性是指在维系生态系统健康的前提下，综合考虑资源环境要素和区位条件，以及特定国土空间，进行农业生产、城镇建设等人类活动的适宜程度。

2014 年《国家新型城镇化规划（2014—2020 年）》、2015 年《生态文明体制改革总体方案》、2016 年《省级空间规划试点方案》、2017 年《关于建立资源环境承载能力监测预警长效机制的若干意见》等文件强调了将各类开发活动限制在资源环境承载能力内，针对不同主体功能开展网格化适宜性评价。

2019 年 5 月，中共中央、国务院印发了《关于建立国土空间规划体系并监督实施的若干意见》（以下简称《若干意见》），明确了"双评价"的科学性地位，国土空间规划要在"双评价"的基础上科学有序地统筹布局生态、农业、城镇等功能空间，划定生态保护红线、永久基本农田、城镇开发边界等空间管控边界。《若干意见》明确提出"建立国土空间规划体系并监督实施，将主体功能区规划、土地利用规划、城乡规划等空间规划融合为统一的国土空间规划，实现'多规合一'，强化国土空间规划对各专项规划的指导约束作用，是党中央、国务院作出的重大部署。"同时，《若干意见》明确了空间规划的"五级三类四体系"，其中省级国土空间规划是落实国家空间发展战略的重要载体，是对省域国土空间开发、保护、修复的统筹部署和政策总纲，是控制和引导市县级国土空间规划的基本依据。

2020 年 1 月，自然资源部办公厅印发了《资源环境承载能力和国土空间开发适宜性评价指南（试行）》，提出"工作准备—基础评价—综合分析—成果应用"

的总体工作流程。首先，开展生态保护重要性评价。其次，在生态保护极重要以外区域从土地、水资源、气候、生态、环境、灾害及区位等要素分别开展农业、城镇适宜性等级和承载规模测算。系统识别分析区域资源环境禀赋的优势与短板，识别空间主要问题风险，测算农业生产与城镇建设的潜力条件，探讨未来不同发展情景的变化与影响。从格局优化、"三线"划定、指标分解、工程安排及高质量发展策略方面支撑国土空间规划。

2020 年 7 月，自然资源部印发了《在国土空间规划体系中落实海洋"两空间内部一红线"工作要点》，明确提出将海洋国土空间划分为"两空间内部一红线"，即海洋生态空间和海洋开发利用空间，在海洋生态空间内划定海洋生态保护红线，并在各级各类国土空间规划中落实；要求在"双评价"的基础上，结合生态保护红线评估调整、自然保护地整合优化等工作，通过省级和市县级国土空间规划、海岸带综合保护与利用专项规划编制，逐级划定落实海洋"两空间内部一红线"，细化用海分类和用途管制要求。其中，在全国国土空间规划纲要和省级国土空间规划中，将海洋空间划分为"两空间内部一红线"，明确生态保护红线面积、自然岸线保有率等目标，确定自然保护地、战略性能矿保障区等名录，将有关要求分解至市县；在市县级国土空间规划中，将海洋开发利用空间进一步细化为渔业、工矿通信、交通运输等用海分类，同时将海洋生态保护红线划定落地、勘界定标。依据国土空间总体规划，开展海岸带综合保护与利用等专项规划编制，落实陆海统筹、空间划分、用途管制等要求。

基于国家"两空间一红线"试点要求、省级国土空间规划编制要求以及国家"双评价"指南，本书建立适用于浙江省海域范围的海洋生态保护重要性和海洋开发利用适宜性评价体系，并基于结果提出浙江省海洋"两空间内部一红线"的划定建议及海洋资源开发利用与保护策略，为统筹划定落实三条控制线并开展动态监测评估预警提供基础支撑。

1.2 国内外研究进展

1.2.1 "双评价"

1. 资源环境承载力、国土空间开发适宜性研究进展

关于资源环境承载力的表述最早出现在 1798 年 Malthus 的著作《人口原

理》[1]。1921 年，生态学家 Park 和 Burgess 在其论著中将环境承载力定义为"在某一特定环境条件下，某种个体存在数量的最高极限"[2]。1972 年，Meadows 等在《增长的极限》中探讨了人口与资源、环境之间的关系，为资源环境承载力研究奠定了科学基础[3]。20 世纪 80 年代，联合国教科文组织（UNESCO）和联合国粮农组织（FAO）开展了一系列土地资源人口承载力研究，提出了土地资源人口承载力的定义和量化方法，使得土地资源人口承载力研究具有了较为完善的理论和方法体系[4]。1995 年，Arrow 等阐述了经济增长与环境质量之间的关系，引起了学界对资源环境承载力的重视[5]。

国土空间开发适宜性这一概念是由土地适宜性概念逐渐演化出来的。1976 年，联合国粮农组织（FAO）颁布了《土地评价纲要》，并提出了从适宜性角度对土地进行定级，基于这一纲要，世界各国制定了一系列土地评价体系[6]。国外学者一般都研究土地适宜性问题，国土空间开发适宜性这一概念多数仅在国内使用，而对国土空间开发适宜性的研究在近 20 年才逐渐兴起[7]。

2. "双评价"研究进展

2019 年《关于建立国土空间规划体系并监督实施的若干意见》印发后，"资源环境承载力评价"和"国土空间开发适宜性评价"形成的"双评价"成为编制国土空间规划、完善空间治理的基础性工作。自此，"双评价"在国内逐渐成为研究热点。"双评价"相关研究主要集中在"双评价"的基础作用研究、"双评价"指标体系的建立与计算、"双评价"关联模式等方面。基础作用研究方面，张韶月等[8]将"双评价"与 FLUS-UGB 模型结合，提出了城镇开发边界划定的系统流程；夏皓轩等[9]构建了一套"三维内涵——对关系—两种尺度—四个层面"的省级"双评价"方案，以浙江省为例，从县级行政区和栅格单元两种尺度开展了"双评价"实践。指标体系的建立与计算方面，姜长军等[10]从"经济承载力、资源承载力、环境承载力"三方面构建指标体系，运用 TOPSIS 模型对陕西省的资源环境承载力进行研究；农宵宵等[11]从土地资源、水资源、生态、环境、气候、灾害和区位等资源环境要素角度构建评价指标体系，从资源本底和土地利用现状两方面分别对柳州市开展了生态保护、农业生产及城镇建设适宜性评价。关联模式方面，岳文泽等[12-13]认为，"双评价"是两个评价的系统耦合，在国土空间规划中承载力评价侧重于为宏观层级（国家级和省级）规划提供支持，而适宜性评价偏重于在微观层级（市县级）发挥作用；郝庆等[14]认为，承载力与适宜性都是包含数量与方向的向量概念，具有内在统一性，首先确定承载的对象或者开发利用的目的，才能进一步开展承载力适宜程度的评价。

3. "双评价"在海洋方面的应用

海洋"双评价"指的是海洋生态保护重要性评价和海洋开发利用适应性评价。海洋生态保护重要性评价方面，国际上已有部分较为成熟的研究成果。加拿大渔业及海洋部（DFO）制定了 EBSAs（Ecological or Biological Significant Marine Areas）标准，用于对具有重要生态或生物意义的海洋区域进行识别[15]；世界自然保护联盟（IUCN）[16]提出的 KBAs（Key Biodiversity Areas）识别框架，通过受威胁多样性、地理分布受限生物多样性、生态学完整性、生物学过程及不可替代性的综合定量分析来识别多样性关键区域；Day 等[17]根据栖息地（珊瑚礁、红树林等）和区域特色（特有物种、鱼类育苗和产卵场等）两类生态因素，将生态重要性分为 4 级。国内也有部分学者对海洋生态保护重要性评价开展了研究，王传胜等[18]从水源涵养、物种保护和湿地保护 3 个方面对辽宁省海岸带陆域、海域生态空间生态重要性进行了评价；徐惠民等[19]基于复合生态系统理论，从自然视角、经济视角和社会视角 3 个方面深入分析了海洋生态重要性区域的内涵；石晓雨等[20]从遗传、物种、群落和生态系统 4 个层面构建海洋指标体系，对福建海域海洋生态重要性进行了评价。

海洋开发利用适应性评价方面，国内外学者大多通过多准则评价模型，基于用海方式的特点建立指标体系，对不同用海方式的开发利用适宜性进行分析[21]；部分学者将生态系统服务[22]、陆海统筹等理念[23]融入到海洋开发利用适宜性评价中，以期得到更加科学、准确的评价结果。

与陆地"双评价"相比，海洋"双评价"的研究较少，但近年来国内已有学者对海洋"双评价"开展了研究，马仁锋等[24]以浙江省温州市作为案例，从空间、渔业、环境和生态 4 个方面开展海域承载力评价，选取渔业用海和建设用海两种用海活动开展开发适宜性评价；曹庆先等[25]以广西壮族自治区北海市为例，确定了海洋"双评价"评价内容，从生物多样性服务、海岸防护和生态脆弱性 3 个方面评价生态保护重要性，从渔业、港口、矿产能源、旅游和特殊利用 4 个方面评价开发利用适宜性。

1.2.2 "三区三线"和海洋"两空间内部一红线"

1. "三区三线"

全国各级各类国土空间规划编制工作开展以来，划定"三区三线"、海洋"两空间内部一红线"已成为国土空间用途管制的重要手段[26]，进而引起了国内相关学者的重视。

目前，国内学者对于"三区三线"的研究在理论和实践上都取得了一定的研究成果。理论层面，学者们的研究内容主要集中在"三区三线"的作用、划定以及管控 3 个方面。

（1）作用方面：张尚武等[27]讨论了"三区三线"与优化国土空间格局的内在逻辑；樊杰等[28]在探讨主体功能区与国土空间规划的基本关系的基础上，认为"三区三线"是落实主体功能区战略的重要途径；岳文泽等[29]认为"三区三线"在协调空间开发与保护关系，调解空间冲突，落实空间刚性管控和弹性引导方面有重要作用，是国土空间用途管制体系的核心内容。

（2）划定方面：魏旭红等[30]探讨了"双评价"结果与"三区三线"划定的对接方式；张尚武等[53]从认识转变、技术链接、实施体系 3 个方面对"三区三线"的统筹划定开展了研究。赵广英等[31]在综述"三区三线"划定相关研究的基础上，探讨了"三区三线"划定过程中技术逻辑和制度逻辑的差异。

（3）管控方面：赵广英等[32]提出了生态文明体制改革背景下，"三区三线"管控体系的建构逻辑。唐欣等[33]从管控要素、管控体系、管控信息等方面思考了基于"三区三线"的国土空间管控需求和管控路径的构建。刘冬荣等[34]分析了"三区三线"相互之间的制衡关系，论述了"三区三线"的分级分类差异化管控方法，并提出了建立管控法律基础、健全刚弹结合机制等一系列管控措施。

实践层面，国内学者对各层级的"三区三线"划定工作开展了研究。丁乙宸等[35]提出了包括落实既有法定控制线、构建评价指标体系、开展双评价等步骤的县级国土空间规划"三区三线"划定的基本思路，并以延川县为例开展实证研究。方利等[36]以吉林省梅河口市为例，提出了基于"三区三线"统筹和第三次全国国土调查成果的永久基本农田布局优化技术路线及布局优化原则。丁月清等[37]以关中平原城市群为例，提出了基于复杂系统分析的资源环境承载力评价方法，以期为"三区三线"的合理布局提供参考。刘勤志[38]构建了包括部门空间要素梳理、规划差异分析、"三区三线"划定管控规则制定 4 个步骤的"三区三线"的划定思路，并对浏阳市开展了实例研究。

2. 海洋"两空间内部一红线"

在 2019 年国土空间规划体系要求实现"多规合一"前，我国主要通过海洋功能区划作为海洋空间用途管制的依据，国内学者关于海洋功能区划的研究，在理论体系[39-41]、编制技术[42-44]、管控体系[45-47]、实施评价[48-51]等方面已取得丰硕的成果。2019 年以后，关于海洋功能区划的研究主要关注海洋功能区划实施效果评价[52-54]，以及国土空间规划背景下海洋功能区的分类体系以及划定方法[55-57]。

与陆地"三区三线"研究相比,目前国内对海洋"两空间内部一红线"的研究较少,主要是对其作用和划定原则进行论述:李彦平等[26]从识别海洋生态功能和开发利用功能、省市协同确定"两空间内部一红线"的空间落位两个步骤,论述了海洋"两空间内部一红线"的划定原则;张晓浩等[58]指出海洋"两空间内部一红线"是落实主体功能区战略的具体举措,在海洋"两空间内部一红线"划定结果的基础上明确海洋二级规划分区是市级国土空间总体规划编制的基本内容之一;韩爱青等[59]指出"两空间内部一红线"的划定应考虑自然生态要素的地域差异、资源环境与人类活动的适宜性,并遵循尊重自然与以人为本相结合等原则。部分学者针对海洋生态空间开展了研究:周连义等[60-61]阐述了海洋生态空间用途管制的基本概念,从生物资源、海域使用活动等方面提出了海洋生态空间用途管制制度建立的核心问题,以大连为例分析了用海活动之间、用海活动与海洋环境之间的冲突和兼容性,划定海洋生态空间管制分区并制定管制规则;赵蓓等[62]以唐山乐亭菩提岛海上风电场为例,从鸟类、浮游生物、渔业资源等方面评估了海上风电场对海洋生态空间的影响。

1.3 技术路线

从浙江省海洋生态重要性及海水养殖、港口建设、海上风电等开发利用适宜性和陆海统筹要素出发,将浙江管理海域划分为"两空间内部一红线",明确生态保护底线,依据市级国土空间规划技术要求,探索将海洋开发利用空间进一步细化为渔业用海区、交通运输用海区、工矿通信用海区、旅游游憩用海区、特殊用海区、海洋预留区等市级规划分区,明确生态空间分类管控,以及陆海统筹发展指引,落实省级国土空间规划加快建设"多规合一"空间治理体系和治理能力现代化的先行省、美丽中国示范省、省域高质量一体化样板省的总体要求。

按照试点工作要求,结合浙江省资源环境承载能力和国土空间开发适宜性评价、海洋生态保护红线评估调整、自然保护地整合优化等工作,进一步细化探索浙江省海洋两空间内部一红线划定技术路线,具体技术路线如图 1-1 所示。

1. 优先确定生态空间

开展海洋生态保护重要性评价,将评价为"极重要"和"重要"的区域确定为海洋生态空间初始格局,并将其中无矛盾冲突的、生态保护"极重要"区、对提高生态系统完整性具有积极作用的生态保护"重要区"以及具有潜在生态价值的区域划入生态保护红线。

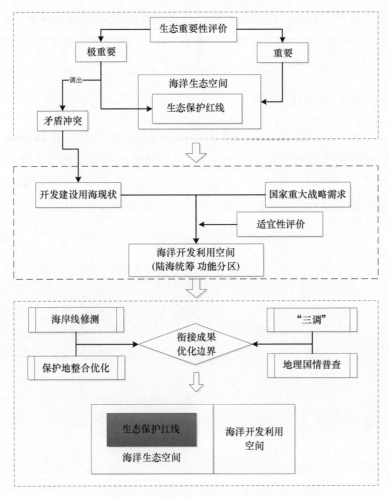

图 1-1　浙江海洋"两空间内部—红线"划定技术路线

生态保护红线以外的"极重要区",以及评价为"重要"的区域,包含除极重要区外的所有滩涂、滨海湿地及河口,同时还包括海岸防护功能重要区以及海岸侵蚀和沙源流失敏感区,以及基于现有数据获取渠道及对海洋的认知,尚未确定是否有珍稀濒危物种、重要海洋生物资源集中分布的区域,本着生态优先的原则,识别出重要河口、滩涂湿地、浅海湿地、重要海湾、海岛、索饵场、越冬场、洄游通道等作为"生态空间"备选区域。

2. 划定开发利用空间

通过海洋空间布局,辅以海洋开发利用现状及高分遥感卫星,结合海洋开发利用适宜性评价结论,衔接沿海城市发展战略,框定海洋开发利用空间范围,明确生态保护与现状、规划开发利用矛盾冲突的解决规则,以陆海统筹为指引,统筹确定海洋开发利用空间，试划内部分区，重点保障港口集疏运体系、临港工业、传统海产品增养殖、海上清洁能源、滨海旅游休闲娱乐等有序发展空间，为各级海洋空间规划分区提供参考。

3. 统筹确定空间格局

从海洋生态空间的完整性、陆海连续开发利用的连续性、沿海城市安全韧性角度出发，衔接海岸线修测、国土"三调"、自然保护地优化整合等成果，进一步优化调整海洋"两空间内部一红线"格局，修正空间边界，使区划结果与生态系统的自然地理分布基本一致，陆海及行政区域边界功能互相衔接。

第 2 章

——— 区域环境与社会经济概况

2.1 自然资源

2.1.1 自然地理

1. 地理概况

浙江省地处中国东南沿海长江三角洲南翼,地跨 27°02′—31°11′N,118°01′—123°10′E。东临东海,南接福建省,西与安徽省、江西省相连,北与上海市、江苏省接壤。境内最大的河流钱塘江,因江流曲折,称之江、浙江,又称浙江,省以江名,简称"浙"。

浙江东西和南北的直线距离均为 450 km 左右,陆域面积 10.55 万 km²,是中国面积较小的省份之一。全省陆域面积中,山地占 74.6%,水面占 5.1%,平坦地占 20.3%,故有"七山一水两分田"之说。全省范围内的领海与内水面积约 4.44 万 km²,连同可管辖的毗连区、专属经济区和大陆架,面积达 26 万 km²,全省海岸线总长约 7100 km,面积大于 500 m² 的海岛有 2 800 多个,是全国岛屿最多的省份。

浙江地势由西南向东北倾斜,地形复杂。山脉自 SW 向 NE 呈大致平行的 3 支。西北支从浙赣交界的怀玉山伸展成天目山、千里岗山等;中支从浙闽交界的仙霞岭延伸成四明山、会稽山、天台山,入海成舟山群岛;东南支从浙闽交界的洞宫山延伸成大洋山、括苍山、雁荡山。丽水龙泉市境内海拔 1 929 m 的黄茅尖为浙江最高峰。水系主要有钱塘江、瓯江、灵江、苕溪、甬江、飞云江、鳌江、曹娥江八大水系和京杭大运河浙江段。钱塘江为浙江第一大江。湖泊主要有杭州西

9

湖、绍兴东湖、嘉兴南湖、宁波东钱湖四大名湖，以及人工湖泊千岛湖等。地形大致可分为浙北平原、浙西中山丘陵、浙东丘陵、中部金衢盆地、浙南山地、东南沿海平原及滨海岛屿等 6 个地形区。

2. 区位条件

浙江省海域位于长江黄金水道入海口，北联上海市海域，南接福建省海域，毗邻台湾海峡和日本海域，对内是江海联运枢纽，对外是远东国际航线要冲，在我国内外开放扇面中具有举足轻重的地位。浙江沿海地区位于我国 "T" 形经济带和长三角世界级城市群的核心区，是长三角地区与海西地区的连接纽带，依托广阔腹地和深水岸线等资源，既可作为我国海上交通运输主枢纽，也可作为石油、天然气、铁矿石等战略物资的储运、中转和贸易主基地，还可作为海防前哨，是加强 "海上通道" 安全保护的 "主阵地"。

3. 地质地貌

浙江海域地质构造上属于东海构造单元，是大陆边缘坳陷和环西太平洋新生代沟–弧–盆构造体系的组成部分。东海陆架盆地是一个大型的叠置在不同基底之上的中、新生代沉积盆地；陆架边缘为东海陆架边缘隆起带，又称钓鱼岛隆褶带，具有南窄北宽的特征；海域东部为冲绳海槽张裂带（即冲绳海槽盆地），是环西太平洋新生代沟–弧–盆构造体系的组成部分，是一个扩张型半深海舟状盆地。浙江海岸带地跨扬子准地台及华南褶皱系两个一级大地构造单元，以基岩港湾海岸为基本特色。

根据海底地形变化及等深线分布特征，可将浙江近海及邻近海域划分为 4 个大的地形分区：杭州湾地形区。舟山群岛地形区、浙江近岸斜坡地形区和浙江毗邻陆架沙脊地形区。其中，杭州湾地形区根据水深变化划分了 4 个地形亚区，舟山群岛地形区根据岛群组合划分了 10 个地形亚区。根据地貌形态反映成因和成因控制形态的内在联系，依据 "形态与成因相结合，内营力与外营力相结合，分类和分级相结合" 的原则，按地貌成因主导因素，采取分析组合方法，依分布规模，先宏观后微观，先群体后个体，将浙江近海划分了二级、三级、四级地貌（表 2–1）。

表 2-1 浙江近海海底地貌分类

二级地貌	三级地貌		四级地貌
海岸带地貌	潮间带地貌	粉砂-淤泥质潮滩 海滩 岩滩（海蚀平台） 红树林	潮沟 浅滩 沙坝
	水下岸坡地貌	现代河口水下三角洲	河控水下三角洲 河-潮相互作用水下三角洲	现代水下汊道 侵蚀沟槽 河口沙坝 沙波
		海湾平原 水下堆积岸坡 水下侵蚀-堆积岸坡 水下岸坡现代潮流沙脊群 潮流三角洲	侵蚀沟槽（潮流冲刷槽） 暗礁群 潮流脊、沙波 海底沙丘 侵蚀浅洼地
近海陆架地貌	起伏的古三角洲平原 陆架构造台地 陆架侵蚀-堆积平原		沙波 水下浅滩 潮流沙脊
	陆架堆积平原	平坦的陆架堆积平原 倾斜的陆架堆积平原	海底沙丘 侵蚀洼地
	陆架古潮流沙脊群	加积的古潮流沙脊群 侵蚀-堆积的古潮流沙脊群 侵蚀的古潮流沙脊群	侵蚀沟槽 礁石 海底古河道
海底人工地貌			

4. 气候条件

浙江地处亚热带中部，属季风性湿润气候，气温适中，四季分明，光照充足，雨量丰沛。年平均气温在 15~18℃，年日照时数在 1 100~2 200 h，年均降水量在 1 100~2 000 mm。1月、7月分别为全年气温最低和最高的月份，5月、6月为集中降雨期。因受海洋和东南亚季风影响，浙江冬、夏盛行风向有显著变化，降水有明显的季节变化，气候资源配置多样。同时受西风带和东风带天气系统的双重影响，气象灾害繁多，是我国受台风、暴雨、干旱、寒潮、大风、冰雹、冻害、龙卷风等灾害影响较为严重的地区之一。

5. 海洋水文

浙江海域地处东海中北部, 东临广阔的东海大陆架和深海槽, 海洋水文兼有浅海和深海的特征。受控于东海地形和沿海各大水系, 如黑潮、台湾暖流、浙闽沿岸流、长江冲淡水与黄海混合水团等, 各水系的消长变化, 控制和影响着海域的环流、物质扩散和温盐结构。其中, 浙江海域水文特征主要受浙闽沿岸流和台湾暖流两大水流所控制。浙江海域水温较高, 总体呈冬低夏高、北低南高分布特征, 表层水温多年平均值 17.0~19.0℃。海水盐度呈北低南高、内低外高的分布特征。盐度季节变化很大 (冬低夏高), 冬季沿岸区盐度小于 24, 夏季除河口附近为低盐度外, 一般盐度较高。浙江近海潮汐主要由西北太平洋传入本海区形成的协振动潮波。潮汐类型基本属正规半日潮区, 只有杭州湾以镇海为中心的局部水域和舟山群岛部分海区潮汐的类型为非正规半日潮混合潮区, 近岸处因浅海分潮的影响, 其潮汐的类型通常为非正规半日潮浅海潮区。浙江近海是我国的强潮海区之一, 其潮差普遍较大, 杭州湾湾顶-澉浦实测最大潮差达 8.93 m。大陆海岸及海岛频受热带风暴和台风的影响, 且主要集中在 7—9 月。

6. 沉积环境

浙江海岸曲折多湾, 入海河流众多, 岸外岛屿星罗棋布。海底地形复杂, 一般趋势为西北浅, 向东南外海下倾。近岸较浅, 在 20 m 等深线与 50 m 等深线间有一明显的狭长海底斜坡, 这一近岸斜坡的沿岸走向呈 SW—NE 向, 大体与等深线、岸线和岛屿排列的走向相平行。斜坡外海地势较为平坦, 水深除东南个别站位外, 一般不超过 80 m。海底沉积物分布大体是与海岸相平行的狭长带状分布。水深 20 m 以内的沿岸水域, 底质以粉砂为主; 20~50 m 水深间底质为黏土质软泥, 其有机质百分含量较高; 其他多数为砂质软泥。长江泥沙 50% 沉积在长江口附近, 形成规模宏大的长江水下三角洲, 约 30% 的长江悬浮泥沙从长江口被沿岸流沿着海岸向西南方向运移, 大部分沉积在象山港以北的海域, 形成浙闽沿岸泥质沉积带。台湾暖流底层自 SE 向 NW 流动, 造成有利于浙江沿岸上升流形成的爬坡态势, 加上夏季石浦以南海区盛行西南季风和以北海区盛行东南季风所构成的逆时针型的气旋风应力涡的作用, 使本海区夏季出现较强的沿岸上升流。这一现象年年如此, 比较稳定, 从而使其底层出现有机质含量较高的软泥带。浙江海涂面积广阔, 基准水面以上的滩涂面积 1 658 km², 海岸和海域来沙丰富, 除杭州湾两岸属粉砂滩外, 多数属粉砂质黏土及黏土质黏砂。浙江省滩涂按照质量可分为稳定的港湾区、变动较小的沿岸小湾及较隐蔽的海岸区、河口及开阔型岸段区 3 类。

7. 海洋灾害

浙江省管辖海域是海洋灾害多发区，是全国海洋灾害最严重的省份之一，常见灾害包括风暴潮、海浪、赤潮等。2020 年，浙江省海洋灾害造成直接经济损失 3.55 亿元，全年共发生风暴潮 1 次、赤潮 12 次、咸潮入侵 19 次，沿海海平面较常年平均值高 88 mm，处于 1980 年以来的第四高位。重点监测岸段海岸线基本稳定，海岸侵蚀不明显。与前 10 年（2010—2019 年）相比，2020 年浙江省海洋灾害直接经济损失和死亡（含失踪）人数均低于前 10 年平均值。

2.1.2　资源条件

1. 岸线与港口资源

浙江省海岸线总长大于 6 000 km，拥有深水岸线资源约 480 km。其中，舟山市拥有深水岸线资源 286.1 km，占全省的 59.4%；其次是宁波市，拥有 10 m 以上深水岸线 102.7 km，占全省的 21.3%。嘉兴市、台州市和温州市分别拥有深水岸线资源 31.5 km、32.6 km 和 28.9 km，占全省比例分别为 6.5%、6.8% 和 6.0%。浙江沿海港口资源的地域分布较为均匀，共有宁波–舟山港、温州港、台州港和嘉兴港 4 个主要沿海港口，目前沿海港口已经形成了以宁波–舟山港为中心，浙南温台港口和浙北嘉兴港为两翼的发展格局，其中宁波–舟山港和温州港已被交通运输部列入全国沿海 24 个主要港口行列。

2. 海岛资源

浙江省海域共有海岛 4 350 个，其中无居民海岛 4 148 个（含浙闽争议海岛），无居民海岛数量居全国第一位。全省海岛位于 27°02′—30°52′N、120°25′—123°10′E，南北跨距约 420 km，东西跨距约 270 km。全省最北面和最东面的海岛分别为嵊泗县的灯城礁和东南礁，最西面和最南面的海岛分别为苍南县沿浦湾的表尾鼻和七星岛的鹤嬉岛。

在总体分布上，浙江海岛空间分布相对集中，大都以群岛、列岛的形式展布，全省共有群岛列岛 36 个。其中，列岛有泗礁、三岳山、韭山列岛、半招列岛、五虎礁、渔山列岛、洞头列岛、南麂列岛、大北列岛、北麂列岛、五峙、中街山列岛、梅散列岛、三星山、川湖列岛、火山列岛、七姊八妹列岛、马鞍列岛、嵊泗列岛、崎岖列岛、浪岗山列岛、东矶列岛、台州列岛等；群岛有舟山群岛、两兄弟屿、四姐妹岛、白塔山、王盘山、三山、强蛟群岛、洋旗岛、五子岛、三门岛、泽山岛、五棚屿、七星岛等。全省呈群岛、列岛形式展布的海岛,占海岛总数的3/4左右。而群岛、列岛形式展布的海岛,大都是海洋生态重要功能区,是珍稀濒危物种、生物多样性分布相对集中的区域。岛屿同大陆所处的自然环境条件不同,形成本身固有的资源潜力,自然环境独特,汇集着山、海、崖、岛礁等多种自然景观和成千上万种海洋生物,可概括为"渔、港、景"等方面,这也是海岛的一大优势资源。同时,浙江沿海开发历史悠久,历代劳动人民在这里留下了丰富的历史文化遗产。浙江沿海的旅游资源兼有自然和人文、海域和陆域、古代和现代、观赏和品尝等多种类型,相得益彰,美不胜收。浙江沿海地区分布着舟山普陀山和嵊泗列岛两个国家级风景名胜区,舟山桃花岛和温州南麂列岛等5个省级风景名胜区。此外,还有南麂列岛国家级海洋自然保护区、韭山列岛国家级海洋生态自然保护区等一批海洋自然保护地。

3. 渔业资源

浙江渔场位于东海中北部,占据东海大部分海域,海域西部为广温、低盐的沿岸水系,东南部外海有高温高盐的黑潮暖流流过,其分支台湾暖流和对马暖流控制着浙江渔场大部分海域。北部有黄海深层冷水楔入,三股水系相互交汇,饵料生物丰富。渔场周年水温范围5~29℃,在海礁、大陈岛以东海域,周年水温在12℃以上,具有热带、亚热带海洋性质。同时,众多岛屿及周边广阔的浅海区、滩涂和岩礁,为海洋生物栖息提供了良好的场所。得天独厚的自然条件造就了浙江沿海丰富的生物多样性,是我国渔业资源蕴藏量最为丰富、渔业生产力最高的渔场,这里分布着舟山渔场、韭山渔场、洞头渔场以及南麂渔场等,渔场面积有22.27万 km²,渔业资源种类多、质量优、生长迅速、世代更新快,近海最佳可捕量占到全国的27.30%。与海洋环境条件相适应的渔业资源区系特征,多属暖温性和暖水性种,冷温性种较少,而且只分布在东北部海域,没有冷水性种类。渔业资源的组成有鱼类、甲壳类、头足类、贝类、藻类等,除贝类、藻类主要为沿海的养殖对象外,海洋捕捞主要为鱼类、甲壳类(虾、蟹类)和头足类三大类群。其中,已记录的鱼类有700多种,作为渔业主要捕捞对象的30~40种。药用海洋资源丰富,可供保健和药用的海洋生物有420种。浙江渔场既是重要经济鱼类集中分布区,更是海洋生物多样性集中分布区,是重要的海洋生态功能区。

4. 旅游资源

根据浙江省旅游资源普查结果,浙江沿海旅游资源单体总数达13 545个(不含未获等级的资源单体,下同),占全省旅游资源单体总量的3/4。其中,沿海36县(市、区)拥有各类旅游资源单体7 332个,上述县(市、区)中直接临海的

262 个乡镇（街道）拥有各类旅游资源单体 3 573 个。从资源等级来看，沿海 36
个县（市、区）拥有五级单体 90 个，四级单体 252 个，三级单体 1 152 个，优良
级单体数占单体总量的 20.39%。其中，262 个直接临海的乡镇（街道）拥有五级
单体 51 个、四级单体 135 个、三级单体 572 个，优良级单体数占单体总量的
21.2%。全省滨海旅游资源在空间分布上呈现出大分散、小集中的格局，一方面为
各地发展滨海旅游业提供了资源基础；另一方面也为开发建设大规模、综合性的
滨海旅游目的地创造了条件。根据旅游资源禀赋，全省可划分出十大滨海旅游资
源富集区，包括杭州湾北岸、中街山列岛、大小长涂岛、梅山列岛、马鞍群岛、
强蛟半岛、半招列岛-渔山列岛、台州列岛、玉环岛和洞头列岛。

5. 矿产资源

浙江海底矿产以非金属矿产为主，大陆架蕴藏着丰富的石油和天然气资源，
开发前景良好。东海陆架盆地具有生油岩厚度大、分布面积广、有机质丰度高、
储集层发育好、圈闭条件优越等条件，是寻找大型油气田的有利地区。据现有资
料，东海油气目前已展开勘探工作，春晓油气田正式开采出油，东海油气进入实
质性开发阶段。此外，根据中国近海海洋环境调查专项（以下简称"908 专项"）
调查获得沉积物分布特征，浙江省海域浅海表层海砂资源分布潜力区面积为 1
470.98 km^2，主要分布于杭州湾-舟山海域以及瓯江口外海域。

6. 可再生能源

浙江省海域蕴藏着丰富的可再生海洋能资源，包括潮汐能、潮流能、波浪能、
温差能、盐差能以及风能等。"908 专项"调查了浙江省 500 kW 以上的潮汐能坝
址 19 个，蕴藏量为 9.643 6×10^6 kW，技术可开发量为 8.568 5×10^6 kW，年发电量
为 2.356 0×10^{10} kW·h。浙江省沿岸潮流能资源极为丰富，是我国沿岸潮流能资源
最富集的海域，理论平均功率密度达 5.19×10^6 kW。开发可再生海洋能资源，对缓
解浙江省能源紧缺状况，促进经济发展皆具有重要意义。

2.1.3　生态环境

1. 海洋环境质量

1）海水质量
浙江海域紧靠长江，长江流量大（1951—2012 年的年均值为 8.93×10^{11} m^3），
携带大量的营养物质流入东海，以长江冲淡水为主体的江浙沿岸水和浙江大陆径

流导致浙江近岸海水有机质和营养盐丰富。据《2020 年浙江省生态环境状况公报》与《2020 年中国海洋生态环境状况公报》，东海海区四类水质海域主要分布在杭州湾、浙江沿岸、长江口等近岸海域。2020 年，浙江省近岸海域全年一类、二类海水面积占比 43.4%，三类海水面积占比 13.4%，四类海水面积占比 14.4%，劣四类海水面积占比 28.8%。海水主要超标指标为无机氮、活性磷酸盐。但与 2019 年相比，一类、二类海水面积占比上升 11.4 个百分点，三类海水面积占比上升 2.4 个百分点，四类海水面积占比上升 0.3 个百分点，劣四类海水面积占比下降 14.1 个百分点，整体呈向好趋势。

各城市近岸海域：温州一类、二类海水占比 68.3%，劣四类海水占比 4.7%；台州一类、二类海水占比 65.8%，劣四类海水占比 9.5%；宁波一类、二类海水占比 38.3%，劣四类海水占比 31.2%；舟山一类、二类海水占比 30.0%，劣四类海水占比 39.1%；嘉兴劣四类海水占比 100.0%。与 2019 年相比，嘉兴近岸海域水质维持现状，宁波、温州、舟山、台州 4 个城市近岸海域一类、二类海水占比均有不同程度的上升，劣四类海水占比均有不同程度的下降，总体水质均有改善。

近岸海域 2020 年全年表层富营养化水体面积 21 674 km²，占比为 48.7%，杭州湾、三门湾、椒江口、瓯江口、飞云江口等海湾河口区域富营养化程度相对较重。其中，表层水体轻度富营养化面积 9 547 km²，占比 21.5%；中度富营养化面积 6 238 km²，占比 14.0%；重度富营养化面积 5 889 km²，占比 13.2%。浙江海域营养盐分布的水动力因子是上升流、涡动垂直混合和径流，而径流是主要营养因素。

氮磷比指数反映的是所辖区域海域水体富营养化程度，判别水体营养盐比例是否失衡，表征该海域对浮游植物生长的适宜程度，也是反映水体健康状况的一项重要指标。浙江全域海水氮磷比指数范围在 10.04~479.3 之间，舟山、台州等地和温州大部分测站海水氮磷比指数适中，氮磷营养盐含量较平衡；宁波和温州龙港、龙湾、乐清等地测站海水氮磷比指数略高，氮磷营养盐含量略显失衡；而嘉兴测站海水氮磷比指数较高，氮磷营养盐含量失衡较明显。在全域海水呈不同程度富营养化情况下，可能是受到杭州湾、鳌江、瓯江、乐清湾的影响，杭州湾两岸（嘉兴、宁波）以及温州龙港、龙湾、乐清等海域海水氮磷营养盐含量失衡较明显。

浙江海域溶解氧饱和度指数评估等级为良好的区域主要分布在杭州湾南岸海域，三门湾附近海域，以及温州大部分海域，评估等级为一般的区域主要分布在杭州湾北岸，即嘉兴海域，以及杭州湾邻近长江口的舟山海域。舟山各县海域溶解氧含量相对其他各市县海域偏低，主要因为长江口到舟山嵊山海域为长江口季节性缺氧区域。

海水酸碱度变化主要取决于二氧化碳的平衡，此外还受河流来水、藻类大量繁殖等因素的影响，通常情况下海水酸碱度变化比较稳定。浙江全域海水酸碱度范围在 7.92~8.14 之间，全部测站海水酸碱度评价等级均为良好。全部测站酸碱度指数（pH_s）均在合理变化范围内，未出现偏低、偏高的测站，与自然海水通常呈碱性的特点相符，说明全海域水体酸碱度稳定性和健康状况较好。

2）沉积物质量

浙江省近岸海域表层沉积物质量一类、二类比例分别为 70.4%、29.6%。部分测点铜超标，有机碳、硫化物、汞、砷、铅、镉、锌、铬、石油类、滴滴涕和多氯联苯等监测指标均符合第一类海洋沉积物质量标准。与 2019 年相比，第一类沉积物比例下降 10%，第二类沉积物比例上升 10%。

表层沉积物中总有机碳含量受河流冲淡水、沿岸流输运、生物活动、上升流等诸多因素影响，8 月降水较多，河流冲淡水来水增多、沿岸流输运加速，咸淡水混合过程的稀释作用可能会使总有机碳含量降低并趋于稳定。另外，浮游植物光合作用过程中产生的溶解态有机碳能使沉积物总有机碳含量升高，全部测站总有机碳指数均小于 1.0，也间接地说明浮游植物初级生产力水平不高。

酸可挥发性硫化物指数可用来表征沉积物对有毒重金属的安全负荷容量，指示海域沉积生态环境的优劣，通常含量较高时表征毒性较小。海域沉积环境是多年累积的结果，沉积物特性（如温度、溶解氧、有机质含量）和生物因素（如生物扰动）都对酸可挥发性硫化物浓度产生影响。浙江全海域沉积物酸可挥发性硫化物指数范围为 0.019~10.225。舟山、温州等地和台州大部分县测站沉积物酸可挥发性硫化物指数较高，海域沉积生态环境较好；宁波、嘉兴等地县测站沉积物酸可挥发性硫化物指数较低，海域沉积生态环境较差。可能受杭州湾影响，杭州湾两岸（宁波、嘉兴）海域沉积物酸可挥发性硫化物指数较低，海域沉积生态环境较差。

3）生物资源和多样性

浙江海域生物资源较丰富，但区域差异显著。岛屿众多、底质细软、径流丰富和冷暖流交汇 4 个因素共同导致浙江海域海洋生物资源较丰富。海岸曲折多湾及岛屿的屏障，海区的风浪小，环境稳定；浙江浅海和港湾水域由长江和浙江大陆径流带来富含有机质和营养盐的低盐水；中国沿岸流、黄海冷水团、台湾暖流等沿岸冷暖海流交汇，以及夏季台湾暖流形成的上升流，有利于浮游和底栖生物在浙江近岸栖息和鱼类洄游产卵。20 m 浅海区以小型鱼类和虾类为主，也是经济鱼类的产卵场和育幼场，幼鱼及幼虾季节性地大量在此集中。潮间带生物的生物量和栖息密度与潮间带底质类型、地理位置、盐度、开敞程度和人类开发活动有关，海岸和海域泥沙来沙丰富，除杭州湾两岸属粉砂滩外，多数属粉砂质黏土及黏土质粉砂,因此潮间带生物的生物量高、种类多。

浮游植物以硅藻、甲藻为主,浮游动物以桡足类为主,大型底栖动物以多毛类、软体动物为主。生物的空间和季节演变明显。浮游植物季节变化呈现春季>冬季>夏季>秋季,但港湾内冬、春季较高,而近岸夏、秋季较高。浮游动物季节变化呈现夏季>春季>秋季>冬季,夏季高低盐度交汇的韭山列岛、大陈岛和南北麂岛等浙江海岛、港湾河口区和沿岸上升流区较丰富,形成经济鱼类的产卵场和育幼场。底栖生物生物量南部高、北部低,东部高、西部低(象山港港底除外),高生物量出现在大陈岛以南海湾外海域,洞麂渔场最高,低生物量出现在杭州湾,浅海区生物量以个体较小的多毛类为主。渔获物季节变化呈现夏季>春季>秋季>冬季;夏季,大目、猫头、大陈和洞头最高,南北麂海区和象山港个别站较高,乐清湾和象山港最小;密度季节变化呈现夏季>秋季>春季>冬季。潮间带生物空间变化规律为岩岸>泥滩>沙滩>砾石滩,岛屿区岩岸生物量最高,粉砂质黏土滩>黏土质粉砂滩>粉砂质滩;湾顶>湾口和河口区,港湾最高>陆地的隐蔽海岸>开敞海岸;季节变化方面,陆地沿岸滩为夏季>秋季>春季>冬季;外海岩岸为冬季>秋季>春季>冬季。海域总生物资源量(浮游植物、浮游动物和底栖生物总和)从高到低依次为浙北外侧海域>浙南海域>浙中海域>杭州湾沿岸和浙中南个别沿岸。夏季长江冲淡水带来丰富的营养物质,使浙北舟山群岛和宁波象山海域浮游生物迅速繁殖,产生浮游植物和浮游动物密度高值区,仅嵊泗和象山两地所辖海域生物资源指数贡献比超过40%。浙南海域生境好,夏季沿岸流与台湾暖流冷暖流交汇,产生高初级生产力;同时岛屿众多,底质细软,底栖生物丰富。浙中海域生境一般,生物资源总量相比浙北外侧海域和浙南海域偏小。杭州湾沿岸富营养化程度高,但悬浮泥沙浓度高,初级生产力贫乏,底质以砂质为主,底栖生物也贫乏,同时受工业污染和海洋工程干扰较多,生物资源量最低。夏季上升流涌升水海区一般具有低温、高盐、高密、低氧、富营养盐和多浮游生物量等特征。

渔业资源丰富区域也主要集中在浙北外侧海域及浙南海域,主要是长久以来长江口大量泥沙冲积形成了浙北海域广阔的大陆架,每年台湾暖流和沿岸寒流在此交汇,搅动的海底营养成分混合大陆江河径流带来的营养物质,带来了大量的浮游生物饵料,使该海域成为鱼类生物繁殖、生长、索饵、越冬的理想栖息地。浙南海域岛屿多、岸线长,沿岸有鳌江、瓯江等众多内陆河流注入,营养物质丰富,同时受台湾暖流影响,年平均水温较高,适合鱼类快速生长和繁殖,渔业资源相对丰富。渔业资源贫乏区主要位于杭州湾等沿岸海域,主要原因:一是杭州湾沿岸重型工业企业和石化企业、椒江地区制药企业对附近海域造成了工业污染,导致渔业资源生境恶化;二是围填海及各类海洋工程的建设改变了海域径流和地形地貌,造成附近渔业资源大幅度枯竭。

　　浙江地处亚热带，近岸海域生物多样性较高，也存在空间差异。浮游植物、浮游动物、底栖生物和游泳动物的综合海洋生物多样性指数从高到低排列为浙中南海域>浙北外侧海域>杭州湾沿岸和浙南沿岸局部海域。浙中南海域水温较高、沿岸低盐水团与外海高盐水团交汇，生物物种种类较丰富、均匀度较高。浙北外侧海域温度稍低，但也为沿岸流与外海水团交汇区，生物多样性指数适中。杭州湾沿岸受低盐水控制，生物种类较单调，且悬浮物浓度和富营养化程度高，生物多样性指数普遍偏低；浙中南部分沿岸海域多样性指数较低，也与受低盐水控制和沿岸河流输入有关。

　　2. 典型海洋生态系统

　　浙江海域包含红树林、河口、海湾、上升流、盐沼、泥质海岸、砂质海岸 7 类典型海洋生态系统。

　　1）红树林生态系统

　　浙江是中国红树林分布的最北界。早在 20 世纪 50 年代末，浙江省就进行了红树林引种造林，形成早期浙江省人工栽培红树林的高潮。1957 年，西门岛渔民先后从福建省引种红树林 122 株，历经二三十年后自然繁殖至第二代、第三代，数量达到数千株，面积曾扩大到 150 亩①。1958 年，瑞安秋茄红树林引种成功，这一时期鳌江、飞云江、瓯江、乐清湾及象山港和舟山群岛也开展了红树林引种造林实践，造林树种为秋茄。这段时间，全省总造林面积约 800 hm²。20 世纪 80 年代中后期，浙江省强调海岸防护林建设，掀起了秋茄红树林引种造林的第二个高潮，地点主要有苍南、瑞安、瓯海、玉环。20 世纪 90 年代至 21 世纪初，浙江又开展了新一轮的秋茄红树林引种造林，地点在温州的永嘉、平阳、瑞安、苍南、龙港、乐清以及台州、宁波等地。这一时期累计种植秋茄红树林约 460 hm²，保留至今的面积约 30 hm²。2013 年后，开启了应用海洋生态补偿和生态修复专项资金开展的红树林造林，造林地点主要有台州的玉环，温州的乐清、洞头、龙湾、瑞安、平阳和苍南。同时，舟山、三门也开始少量造林，造林面积约 300 hm²。2005 年，温州市西门岛获批我国首个国家级海洋特别保护区。根据《浙江省红树林保护修复专项行动实施方案（2021—2025 年）》，浙江将实施红树林抚育和提质改造，提升红树林生态系统质量和功能。"十四五"期间，全省新营建红树林 200 hm²，保护修复提升现有红树林 257 hm²；建立 3 处种苗繁殖基地，每年可提供种苗 120 万株，保障全省种苗供给。

① 1 亩≈666.7 平方米。

2）河口生态系统

浙江省具有钱塘江、甬江、灵江、瓯江、飞云江和鳌江的入海河口，钱塘江河口是浙江省的最大入海河口。河口区域由于咸淡水的进退和交混以及入海泥沙的沉积，呈现如下特征：盐度周期性和季节性变化、流速在潮汐和径流共同作用下分布复杂、营养物质富集、浑浊度较高、生物一般能忍受温盐的剧烈变化等。入海河口可划分为三角洲和河口湾两大类型，前者径流作用占优势，后者潮流作用明显。杭州湾是钱塘江入东海形成的喇叭状河口湾，属于后者。

杭州湾沿岸尽管呈严重富营养化，但悬浮泥沙浓度高，浮游植物光合作用受光照限制，初级生产力低，浮游动物密度也较低；底质以砂质底质为主，潮流冲刷使底质不稳定，底栖生物也贫乏。同时，杭州湾沿岸长期受长江和钱塘江低盐水控制，生物种类较单调，物种多样性低，表现为杭州湾沿岸海域生物资源量和生物多样性均低。杭州湾的生态特征主要与其所处地理位置有关，长江冲淡水南下，携带大量营养盐和悬浮泥沙，远远超过杭州湾的自净能力。低盐水控制、水动力强和悬浮泥沙含量高共同导致海洋生物物种组成较单调、物种多样性低。悬浮泥沙含量高是杭州湾初级生产力受到限制的主要原因，杭州湾地形和动力环境形成的砂质底质类型，导致底栖生物密度极低。虽然长江三峡大坝的建成降低了长江输沙量，叠加富营养化加剧导致浮游植物偶有旺发现象，藻类密度较历史记录有数十倍的增长，由于浮游动物数量有限，未被及时摄食的藻类在沉积物中积累，导致沉积物有机质增加，底栖生物密度也有升高趋势，但浮游动物密度未见增加，该区域目前仍然是全省海域生物资源低值区。

3）海湾生态系统

浙江省有象山港、三门湾和乐清湾 3 个海湾，其中，象山港地形狭长，是典型的"U"形海湾。

象山港作为典型的亚热带海湾生态系统，拥有独特的地形、水动力和生物群落，其生态系统对人类活动与自然变化的响应是对海湾空间单元开发格局的重要反馈。富营养化和海水升温是象山港生态系统的主要环境问题，在富营养化加剧和海水升温叠加的影响下，海湾浮游生态系统发生演变。象山港属亚热带高生产力（即浮游植物生物量高）海域，较大个体（微型，2~20 μm；小型，>20 μm）浮游植物占比超过 80%，较小个体（微微型，<2 μm）浮游植物占比较小。近 10 年来，象山港污染得到有效控制，水体富营养化没有进一步恶化，但以氮、磷计，只能长期维持在四类水体（适用于海洋港口、海洋开发作业区）；与此同时，先后上马的宁海国华和大唐乌沙山两个滨海电厂排放大量高温废水，叠加气候变暖，使象山港生态系统面临海水快速升温的压力。在富营养化和暖化影响下，叶绿素 a 浓度和初级生产力逐渐升高，且个体大于 20 μm 的浮游植物占比增加明显。然而，

较大个体的浮游动物（大中型，$>505\ \mu m$）生物量和丰度却呈现下降趋势，渔业资源也明显下降。通过研究发现，浮游生态系统变化的具体原因是，富营养化和暖化增加了浮游植物生物量，尤其促进个体较大的硅藻和甲藻生长，但海水升温不利于较大型浮游动物繁殖，导致大粒径浮游植物缺少有效的摄食控制。同时，冬季海水变暖加速了浮游植物生长，叠加同期浮游动物摄食作用较弱，引起藻华加剧，且藻华时间从春季提前至冬季。浮游植物旺发产生的初级生产力无法有效传递到较高营养级的浮游动物和鱼类，造成牧食食物链效率降低。因此，除过度捕捞外，富营养化与变暖加剧引起的浮游生物粒级结构和物候过程改变也是象山港渔业资源较 20 世纪 80 年代明显下降的重要原因。此外，微食物环作为初级生产力传输的补充途径，相对重要性可能增强，其变化对能量传递效率的影响有待研究。

象山港生态系统的演变提示内湾水交换能力差的海湾，需严格控制陆源营养盐输入，并减少网箱养殖和虾塘养殖；同时严格控制电厂温排水的温升范围，尤其在高温季节。生态修复工作以提升生态系统的稳定性、提高蓝色碳汇效率等生态服务功能为目标，该研究为海湾生态修复提供了科学支撑，支持内湾养殖大型经济藻类（海带等）和滤食性贝类（牡蛎等）、底播毛蚶、菲律宾蛤仔等土著贝类，以降低水体营养盐浓度、减少浮游植物藻华的发生。

4）上升流生态系统

浙江近海上升流每年 5 月下旬起始，6 月加强，7—8 月最强，9—10 月逐渐消衰。浙江近海夏季沿岸上升流的核心区由大陈岛外，沿着近岸斜坡向东北扩展，位于鱼山列岛附近海区（$28°30'$—$29°30'N$，$122°30'E$）以西近岸斜坡海区，基本对应于底质为黏土质软泥分布区。涌升水在 7—8 月约在 5 m 层以下，在近岸斜坡处，由于来自东南部水深 $50\sim60$ m 以下的变性黑潮次表层水（水温低于 $24℃$、盐度高于 34.5）的涌升冷水，上升流区的温、盐度结构属于层化型结构，主要存在 3 个边界明显的变性水团：沿岸低盐水、外海上层高盐高温水及其下层的低温高盐水。沿岸水和外海水间形成的盐度锋层和外海上、下层水间形成的上升流锋层的强度、形状及位置均受到上升流的影响。上升流锋层在上升流环流的作用下，具有向岸抬升、加强的趋势；盐度锋层在上升流环流的作用下，常出现下部向岸弯曲，上部向外海移动的趋势。涌升水似乎源自台湾东侧的黑潮次表层水。估算到的浙江沿岸上升流的垂直向上速度的量级为 $10^{-4}\sim10^{-2}$ cm/s；认为风和向岸剩余压强梯度力是浙江沿岸上升流形成的主要动力。

浙江近海上升流区常伴随赤潮现象，赤潮的形成与局地水文状况的异常有很大关系。上升流不仅因为输送营养盐，为形成赤潮的某些生物种水华准备了物质条件，而且还由于上升流加强期伴随出现温逆增、盐逆减等异常结构，从而使表层水温和盐度急骤增减，出现生态系统的失调现象——赤潮。

上升流输送营养盐，形成饵料中心，为产卵、索饵鱼群提供物质基础。历年的水文资料均表明6—8月间浙江沿岸上升流为加强期，而渔业生产也表明5—8月在（29°20′—30°30′N；122°30′E以东）近海区为带鱼产卵渔场，其汛期恰好与上升流加强期相对应。浮游动物生物量也在大陈、鱼山和韭山附近海区最高，一般超过1500 mg/m³，鱼山以北达1885.3 mg/m³，总生物量为500 mg/m³的等值线基本与50 m等深线位置相当，与上升流核心区基本一致。丰富的饵料，为浙江近海成为良好的产卵、索饵渔场提供了物质基础。上升流的强弱对盐度锋和上升流锋强度与位置的影响，将导致渔场位置的变动。由于锋带处是流的辐聚区，更易集结营养物质和饵料，加上锋的外海侧水温（24~28℃），为秋汛鲐鱼的适温范围，常是鲐鱼的良好渔场，因此上升流的变动和锋位置的变动也会引起渔场的变动。上升流具有驱赶底层鱼的作用。调查表明，浙江近海沿岸上升流的强弱，完全反映了卧居下层的"变性黑潮次表层水"向浙江近岸爬坡涌升、伸展消退的程度。"变性黑潮次表层水"不仅具有低温（<24℃）、高盐（>34.2）、高密（>23）特征，而且属于低氧水。鱼类，特别是产卵期鱼类回避低氧水的"袭击"是鱼类生理要求的本能反应。因此，黑潮次表层水向浙江近海伸展，具有驱赶底层鱼，而在其前锋集中形成渔场的特征。

5）泥质海岸、砂质海岸、盐沼生态系统

浙江省海岸线资源丰富，根据潮间带的物质组成，浙江省自然岸线可划分为基岩海岸线、砂质海岸线、淤泥质海岸线。浙江省各类型海岸线的位置分布具有如下特点：河口海湾多为人工岸线和淤泥质岸线；开敞海域多为人工岸线和基岩岸线；砂质岸线多存在于岬角海湾。盐沼是地表过湿或季节性积水、土壤盐渍化并长有盐生植物的地段。浙江省盐沼生态系统主要为位于杭州湾南岸的滩涂湿地。

浙江海域含沙量高，且主要有3类泥沙供源：长江入海泥沙的向南输运、省内入海河流的输沙及内陆架供沙。其中，长江口入海泥沙为最主要的泥沙供源，故浙江省潮滩长期处于淤涨的态势，沿岸滩涂资源丰富，杭州湾、象山港、三门湾、台州湾、乐清湾、温州湾等各大河口海湾淤泥质岸线较为丰富。但因近几十年来大规模的围填海，以及海岸工程建设与海岸带开发，伴随截弯取直、改变自然岸线属性等现象，淤泥质海岸线锐减。随着长江上游众多水利工程的实施，长江口入海泥沙明显减少。长江入海泥沙的减少，致使由芦潮港断面泥沙南运至杭州湾的净泥沙通量减少了10%。从长远来看，在长江口入海泥沙减少以及浙江省各入海河流上游水利开发减少河流泥沙运输的态势下，浙江省滩涂自然淤涨速度会有所下降，靠自然淤积形成淤泥质海岸线速度减缓。浙江沿海面临原有滩涂资源被大面积围垦和开发利用，新的潮滩淤涨速度减缓，滨海湿地缩减的现象。现状条件下浙江沿海淤泥质滩潮间带生态系统单一，中潮滩及以下以光滩为主，潮滩植被基本为互花米草，伴以少部分秋茄、芦苇、蘑草、碱蓬等本土植被。

2.2　海洋经济

"十二五"期间，浙江省委、省政府积极推进海洋经济发展，基本形成了以建设全球一流海洋港口为引领、以构建现代海洋产业体系为动力、以加强海洋科教和生态文明建设为支撑的海洋经济发展良好格局。据初步核算，2020 年全省实现海洋生产总值 9 200.9 亿元、比 2015 年的 6 180 亿元增长 48.9%，"十三五"期间年均增长约 8.3%。海洋生产总值占地区生产总值的比重保持在 14.0% 以上，高于全国平均水平 4~5 个百分点，占全国的比重由 9.2% 提升至 9.8%。海洋产业新旧动能加速转换，海洋科教创新能力持续提高，海洋基础设施网络不断完善，全省海洋港口一体化改革实质性推进，宁波–舟山港货物吞吐量连续 12 年稳居全球第一位、集装箱吞吐量跃居全球第三位，海洋开放合作拓展逐步深化，海洋生态文明建设水平明显提升。同时，海洋经济发展和海洋强省建设也存在一些问题和短板：海洋生产总值在全国沿海省份中仅位居中游，海洋经济区域发展不够平衡，海洋新兴产业规模偏小，海洋创新能力不够等。

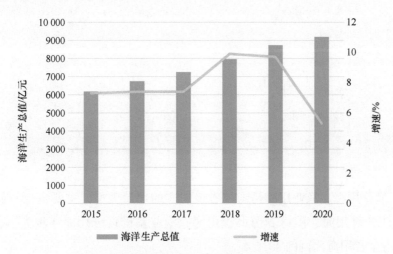

图 2-1　浙江省海洋生产总值逐年变化及增速

注：2015—2017 年数据为最终核算数，2018—2020 年使用的是初步核算数

2.3 开发保护现状及存在问题

2.3.1 海域、海岛、海岸线使用现状

1. 海域使用现状

浙江省严格实施海洋空间相关规划，截至 2020 年 6 月，浙江省海域确权项目 8 874 宗（表 2-2）。

表 2-2 浙江省各行业海域使用情况

序号	名称	确权项目/宗	占全省用海比例/%
1	渔业用海	1 219	43.5
2	交通运输用海	3 298	25.0
3	工业用海	3 154	18.4
4	海底工程用海	351	6.7
5	造地工程用海	258	3.2
6	其他用海	208	1.3
7	特殊用海	203	1.2
8	旅游娱乐用海	160	0.4
9	排污倾倒用海	23	0.1
	合计	8 874	100

（1）渔业用海。渔业用海是浙江省最主要的用海类型，主要包括开放式养殖用海、人工鱼礁用海、围海养殖面积用海、渔业基础设施用海 4 种类型，共计 1 219 宗，占全省用海比例的 43.5%。

（2）交通运输用海。交通运输用海主要包括港口用海、航道用海、路桥用海和锚地用海 4 种类型，已确权用海共计 3 298 宗，主要集中在港口用海。交通运输用海主要分布在宁波市北仑区、舟山市岱山县和嵊泗县。

（3）工业用海。工业用海主要包括船舶工业用海、电力工业用海、固体矿产开采用海、海水综合利用用海、盐业用海、油气开采用海和其他工业用海 7 种类

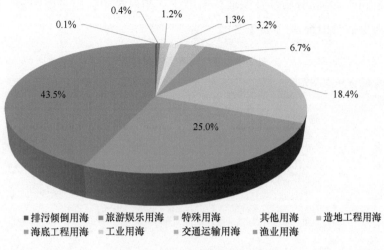

0.1%　0.4%　1.2%　1.3%　3.2%

6.7%

18.4%

43.5%

25.0%

■排污倾倒用海　■旅游娱乐用海　■特殊用海　　　其他用海　　　■造地工程用海
■海底工程用海　■工业用海　　　■交通运输用海　■渔业用海

图 2-2　各用海类型所占比例

型。工业用海共计 3 154 宗，规模整体较大，主要集中在舟山市，占整个浙江省的工业用海总面积的 52%。

（4）海底工程用海。海底工程用海主要包括电缆管道用海和海底隧道用海两种类型，共计 351 宗。其中，电缆管道用海为最主要用海类型，共计 345 宗，主要分布于舟山市定海区和嵊泗县。

（5）造地工程用海。造地工程用海主要包括城镇建设填海造地用海、废弃物处置填海造地用海和农业填海造地用海 3 种类型，确权用海共计 258 宗。城镇建设填海造地用海主要集中在舟山市，农业填海造地主要集中在台州市。

（6）特殊用海。特殊用海主要包括海岸防护工程用海、军事用海和科研教学用海 3 种类型，已确权 203 宗。用海类型主要集中在海岸防护工程用海。

（7）旅游娱乐用海。旅游娱乐用海主要包括旅游基础设施用海、游乐场用海和浴场用海 3 种类型，已确权用海共计 160 宗。浙江省的丰富海洋休憩资源未得到充分利用，海洋旅游娱乐产业亟待加强。

（8）排污倾倒用海。排污倾倒用海主要为污水达标排放用海，已确权用海 23 宗，主要集中在嘉兴市海盐县和平湖市。

（9）其他用海。其他用海共计 208 宗。主要集中在宁波市、台州市、温州市和舟山市。

2. 无居民海岛使用现状

浙江省共有无居民海岛 4 148 个，海岛面积 102 km^2，其中已开发无居民海岛 1 156 个（20%），海岛面积 88.88 km^2，未开发无居民海岛 2 992 个（80%），海岛面积 13.18 km²。海岛分布涉及海域范围广泛，相对集中，以舟山居多，已开发的无居民海岛也数舟山最多（表2-3）。

表2-3 浙江省海岛开发情况

地区	已开发无居民海岛		未开发无居民海岛	
	面积/km²	个数/个	面积/km²	个数/个
嘉兴市	0.45	11	0.21	21
舟山市	20.26	529	4.40	1413
宁波市	26.89	207	4.75	389
台州市	30.34	242	2.00	659
温州市	10.73	166	1.82	514
温州、台州共有	0.2	1	—	—

3. 海岸线使用现状

海岸线分为自然岸线、人工岸线和河口岸线。浙江省自然岸线包括基岩岸线、红土岸线、原生砂砾质岸线、原生淤泥质岸线以及生态岸线[①]；人工岸线包括海堤、码头、防潮闸、船坞、道路等人工构筑物形成的岸线，其中，包含划入浙江省海洋生态红线方案的准生态岸线[②]。

根据《浙江省海岸线调查数据集成与更新（一期）项目》《浙江省海岸线调查数据集成与更新（海岛）项目》《浙江省海岸线年度修测项目（2020年）》成果，全省海岸线 7 184 km。无居民海岛岸线 1 834 km，占25.5%。大陆岸线和有居民海岛岸线中，人工岸线 2 424 km，占33.7%；自然岸线 2 696 km，占37.5%；其他岸线 63 km，占0.8%。沿海各市海岸线具体情况见表2-4：

---

① 自然恢复或整治修复后具有自然岸滩形态特征和生态功能的海岸线。
② 具有自然恢复或整治修复潜力，但尚未完全具备自然岸滩形态特征和生态功能的海岸线。

表 2-4　浙江省海岸线分类统计

分类 地区	大陆岸线长度/km				有居民海岛岸线长度/km				无居民海岛岸线长度/km	合计/km	百分比/%
	总长	自然	人工	其他	总长	自然	人工	其他			
宁波市	833	182	573	78	385	227	157	1	400	1 618	22.5
温州市	515	182	315	18	509	352	144	13	247	1 271	17.7
嘉兴市	77	8	57	12	—	—	—	—	17	94	1.3
舟山市	—	—	—	—	2 007	1 220	747	40	683	2 690	37.5
台州市	701	252	410	39	323	273	41	9	487	1 511	21
合计	2 126	624	1 355	147	3 224	2 072	1 089	63	1 834	7 184	100

大陆岸线总长 2 126 km。其中，人工岸线 1 355 km，占 63.7%；自然岸线 624 km，占 29.3%，其他岸线 147 km，占 7%。

有居民海岛岸线总长 3 224 km。其中，人工岸线 1 089 km，占 33.8%；自然岸线 2 072 km，占 64.2%；其他岸线 63 km，占 2%。

海岛岸线主要分布于舟山市，长 2 690 km，占全省海岛岸线的 53.2%。

2.3.2　生态保护修复现状

截至 2020 年年底，浙江省建立了 18 个省级以上海洋保护区，其中国家级海洋自然保护区 2 个，省级鸟类自然保护区 1 个，海洋特别保护区（海洋公园）15 个（国家级 7 个，省级 8 个），保护区总面积约 4 127.158 2 km²，占浙江省管辖海域总面积的 9.3%，严格按照保护区管控要求进行保护。

浙江省通过海岸线整治修复三年行动，全省整治修复了海岸线 360 km，其中生态岸线 275 km。2019 年以来，浙江共有 11 个围填海历史遗留区域处理方案通过国家批复备案，已投入生态修复资金 12.1 亿元，恢复海域 3.45 hm²，修复海岸线 7.17 km，种植红树林 8.57 hm²，修复滨海湿地 89 hm²。2016—2021 年，浙江省成功申请 9 个国家"蓝色海湾"整治行动项目，获得中央财政支持约 21.5 亿元。目前，宁波市、温州市、舟山市 3 个国家"蓝色海湾"整治行动项目已通过验收，走出了一条践行"绿山青山便是金山银山"理念、奋力建设"海岛大花园"、助推海洋强省建设的可持续发展之路。

2.3.3 存在问题

1. 岸线两侧开发保护导向与主体功能存在冲突

陆海规划局部衔接不畅，各地主体功能区和海洋主体功能区规划范围以海岸线为界，分别确定陆海空间主导功能，导致部分地区岸线两侧开发与保护主体功能定位不协调。如宁波象山港、三门湾海域在海洋主体功能区规划中为限制开发区，而陆域在浙江省主体功能区规划中为省级重点开发区；乐清近岸海域和飞云江以南海域在海洋主体功能区规划中为限制开发区，而陆域在浙江省主体功能区规划中为国家级重点开发区，陆海保护和开发定位矛盾较为尖锐。

2. 海域海岛岸线资源综合利用水平有待提升

浙江省海域、滩涂、岸线等资源呈现出区域性、结构性紧缺，资源有限性和开发利用粗放、低效性的矛盾日益突出，加之行业用海布局准则不够清晰，导致海洋空间利用效率不高，并增加了海洋空间开发与保护、开发与开发之间的矛盾。例如，围海养殖、风电、船舶修造等占用大量海岸线和潮间带，造成潮间带景观破碎化；连岛炸岛、截弯取直等粗放的围填海方式严重破坏了海岸生态系统的各种服务功能；港口群分布较密、石化产业基地布局同质化竞争等海洋开发活动，过度挤占了海洋生态空间和其他开发利用空间。

3. 海洋生态系统服务功能不同程度受损

浙江省海洋生态系统类型多样，河口、海湾、滨海湿地、红树林等类型均有分布，但总体处于亚健康和不健康状态。海岸带生物多样性及生态系统服务功能的下降，在局部区域已造成了严重的影响，威胁区域生态安全，阻碍区域的可持续发展。局部海洋环境污染、无序开发、过度捕捞，直接造成海洋生物资源栖息地不断萎缩，一些重要鸟类、海洋经济鱼类、虾、蟹产卵场、育幼场或越冬场逐渐消失，渔业资源衰退，许多珍稀濒危野生生物濒临绝迹。

4. 城市扩张使海岸带灾害防护缺乏缓冲空间

随着历史城市建设粗放式扩张、填海造地工程的不断推进，围填海历史遗留问题区域面积达 342 km^2，破坏了原有岸线和潮间带，人工岸线比例不断增高，严重挤压海岸带生态、防灾等空间，导致生态环境承载能力进一步减弱，生态防灾能力大大减弱。在城市规划、产业布局与港城统筹中，缺乏生态、防灾空间预留和灾害缓冲，对海洋灾害高风险区的防灾减灾管控力度不够，空间防灾韧性不足。如位于宁波象山港、台州三门湾、台州湾南岸、龙门湖、沙门镇、乐清湾、鳌江口以南、苍南北部、沿浦湾的滨海湿地自然生境对风暴潮灾害应有较好的缓冲作用，但城市边界的扩张压缩了滨海湿地对沿海城市安全的保护能力，降低了城市安全的韧性。

第3章
海洋生态保护重要性评价

3.1 评价方法

3.1.1 评价原则

1）科学性和可行性原则

构建指标体系时应以理论分析为基础，但在实际中常会受到某种资料或数据的制约。因此，评价指标应含义清晰，以现实统计数据为基础，凸显评价的科学性。在评价过程中指标体系的建立要结合监测预警现状、未来发展趋势及生态环境响应等，确定具有较强可行性的评价因素。在海洋生态保护重要性评价时要反映真实情况，遵循科学规范的原则，在技术上易操作，具有实用性。

2）区域共轭原则

海洋生态保护极重要区应具有相对稀缺性（独特性），在空间上须是一个相对完整的自然区域。即任何一个极重要区必须是相对完整的、稀缺（独特）的自然地理单元，其范围应包括维持生态系统完整性和连通性的关键区域，以保证生态系统物质、能量和信息的流动与传输。

3）海陆统筹原则

海洋生态保护重要性评价应具有海陆整体发展战略思维，须充分考虑海陆资源、环境、生态的内在联系，正确处理海洋和陆地生态保护的关系，充分发挥海陆互动和协同作用，以促进区域社会健康、和谐、快速发展。

4）统一性和主导因素原则

海洋生态保护重要性评价是为了保证各个评价对象之间具有可比性，在选取评价对象时应该尽量选用各方面比较统一的评价因子，目的是使每个评价单元与所有参评指标之间都具有一定的相关性。每一个评价指标值都要对评价结果产生显著影响，突出主导因素对海域开发利用评价的作用，重点选择能体现海域使用质量优劣的主导因素，客观地反映各类型海域开发的生态服务功能。

5）动态性原则

海洋生态保护重要性评价应具有前瞻性，且评价出的各区域应随生态保护能力增强、海域空间优化适当、监测数据细化等因素而变化。当边界和阈值受外界环境的变迁而发生变化，应及时调整以确保其基本生态过程和功能的连续性。

3.1.2　研究方法

1. 指标权重的确定

评价指标的权重反映各指标在等级评估中的相对重要程度，是等级评估的关键步骤之一。本章节选用层次分析法（AHP）和熵值法相结合确定各个评价指标体系的权重。

1）层次分析法

层次分析法（Analytic Hierarchy Process），简称 AHP 法，是由美国运筹学家萨得（T. L. Saaty）在 20 世纪 70 年代中期提出的一种多层次权重分析决策方法，20 世纪 80 年代初被引入中国。它具有高度的逻辑性、系统性、简洁性和实用性，现已广泛运用于社会经济系统的决策分析。层次分析法的基本原理是把研究的复杂问题看作一个大系统，通过对系统多个因素的分析，划出各因素间相互联系的有序层次，再请专家对每一层次的因素进行客观的判断，并相应地给出重要性的定量表示，进而建立数学模型，计算出每一层次全部因素的相对重要性的权值，并加以排序，最后根据排序结果进行规划决策和选择解决问题的措施。

层次分析法的基本步骤如下。

（1）明确问题，建立系统结构层次递阶图。

应用层次分析法首先应该对被研究的系统有明确、深刻的认识，弄清系统的范围、所包含的因素、因素间的关联程度和隶属关系。在此基础上，着手构建系统结构层次递阶图，将系统所包含的因素以及因素之间的隶属关系用一个递阶层次树状结构图来直观地表示，并将所有因素按不同的层次进行分类，并用直线来标明上下层元素之间的联系。通常而言，可以将一个系统分为三个大的层次：①目标层，明确要解决的问题；②中间层，表示要实现目标所必须采取的中间环节，具体可分为策略层、约束层、准则层等；③变量层，表示解决具体问题的措施和政策。

构造层次递阶图是层次分析法应用的关键，也是最为困难的一步，在构造过程中应该注意以下几个方面的问题：

①与每个元素相联系的下层元素一般不能超过9个；

②同一层次的元素应该保证为同类元素；

③同类元素的强度关系应该适当；

④某一元素可同时与若干上层元素发生联系。

（2）构建判断矩阵。

构建判断矩阵是层次分析法中关键的一步。假定有 n 个因素，用 P_{ij} 表示因素 i 和 j 的相对重要性之比，这样就可以得到一个矩阵 $P = (P_{ij})_{n \times n}$，此矩阵代表了评价者对决策目标的认识和主观判断，称之为判断矩阵，显然，$P_{ii} = 1$，$P_{ij} = P_{ji}$，即判断矩阵为互反矩阵。

心理学试验结果表明：人们只有对9个以内的元素进行比较时，才不至于相互混淆。因此，AHP法采用1~9对各个元素之间重要性进行标度（表3-1），这也同时要求一次最多只能对9个因素进行两两比较。

表3-1　指标重要性标度及其描述

标度	含义（因素 i 与 j 之间重要性比较）
1	因素 i 和 j 一样重要
3	因素 i 比 j 稍微重要
5	因素 i 比 j 较强重要
7	因素 i 比 j 强烈重要
9	因素 i 比 j 绝对重要
2、4、6、8	两相邻判断的中间值
倒数	比较因素 j 与 i 时的值

（3）邀请专家填写判断矩阵。

一般而言，应该邀请评价目标所涵盖知识领域的专家填写判断矩阵，但专家人数不宜过多，也不宜过少，多则会加大评价的难度和成本，少则不能充分采纳各个方面的意见，有违评价的科学性原则，一般选取10~20位专家来进行。

（4）层次单排序。

所谓层次单排序，是指计算本层与上层有联系的所有因素权重的过程。AHP法是通过求取判断矩阵的最大特征值和特征向量来获得各因素权重的。判断矩阵的最大特征值和特征向量的求取方法有两种：精确计算法和近似计算法。在一般的决策问题中，并不需要对因素间的区别作出绝对精确的判断，因此一般采取近

似计算法。常见的近似计算方法有 3 种：幂法、和法和方根法。其中，幂法精度
最高，但计算量大，适合于计算机编程计算；后两种方法虽然精度降低了，但计
算过程简便。结合评价目标的精度要求，本章节选取方根法求解各因素的权重，
具体步骤如下。

第一步，计算判断矩阵 P 每行元素乘积的 n 次方根：

$$\overline{W}_i = \sqrt[n]{\prod_{j=1}^{n} P_{ij}}, \quad (i = 1, 2, \cdots, n) \tag{3-1}$$

第二步，对向量 $\overline{W} = (\overline{W}_1, \overline{W}_2, \cdots, \overline{W}_n)^T$ 作正规化、归一化处理：

$$W_i = \frac{\overline{W}_i}{\sum_{i=1}^{n} \overline{W}_i}, \quad (i = 1, 2, \cdots, n) \tag{3-2}$$

则 $W = (W_1, W_2, \cdots, W_n)^T$ 为所求的对应最大特征值的特征向量，其中的每
个元素分别对应上层目标的权重。

第三步，求取最大特征值：

$$\lambda_{max} = \sum_{i=1}^{n} \frac{(P \cdot W)_i}{n \cdot W_i}$$

式中，$(P \cdot W)_i$ 为向量 PW 的第 i 个元素。

（5）一致性检验。

层次分析法的主要优点是将决策者的定性思维过程定量化，但在整个定量化
过程中必须保持思维的一致性，一致性检验就是对专家思维是否保持一致的一种
检验。为了判断在什么条件下判断矩阵满足一致性，需要引入一致性指标 CI
（Consistency Index）：

$$CI = \frac{\lambda_{max} - n}{n - 1} \tag{3-4}$$

当判断矩阵具有完全一致性时，$CI = 0$，同时，$(\lambda_{max} - n)$ 越大，判断矩阵一致
性就越差。将 CI 与平均随机一致性指标 RI（Random Index）进行比较（表3-2），
得到随机一致性比例 CR（Consistency Ratio）并进行判断。

$$CR = \frac{CI}{RI} \tag{3-5}$$

当 $CR < 0.1$ 时，可以认为判断矩阵具有较为满意的一致性，否则，就要调整判
断矩阵，直至达到满意的一致性为止。

表 3-2 平均随机一致性指标 *RI*（1 000 次正互反矩阵计算结果）

矩阵阶数	1	2	3	4	5	6	7	8
RI	0	0	0.52	0.89	1.12	1.26	1.36	1.41
矩阵阶数	9	10	11	12	13	14	15	
RI	1.46	1.49	1.52	1.54	1.56	1.58	1.59	

（6）层次总排序。

所谓层次总排序就是利用层次单排序的结果以及上一层次所有元素的权重，来计算针对总目标而言，本层次所有因素权重值的过程。总排序由上而下顺序进行，对于第二层而言，单排序即为总排序。

假定上一层次所有元素 A_1，A_2，…，A_m 的总排序已完成，得到的相对于总目标的权重值为 a_1，a_2，…，a_m，本层次共有 n 个元素 B_1，B_2，…，B_n，且与上层元素 A_i（$i=1$，2，…，m）对应的本层次元素 $B_1 \sim B_n$ 的权重为 b_1^i，b_2^i，…，b_n^i（若 B_j 与 A_i 无关系，则 $b_j^i=0$），则层次总排序的结果如表 3-3 所示。

表 3-3 层次总排序结果

B1	B2	…	Bn
$\sum_{i=1}^{m} a_i \cdot b_1^i$	$\sum_{i=1}^{m} a_i \cdot b_2^i$	…	$\sum_{i=1}^{m} a_i \cdot b_n^i$

由 $\sum_{i=1}^{m} a_i = 1$，$\sum_{j=1}^{m} b_{ij} = 1$ 得 $\sum_{j=1}^{m} (\sum_{i=1}^{m} a_i \cdot b_j^i) = 1$，亦满足归一性。

（7）总一致性检验。

为判断层次总排序计算的一致性精度，需要计算与单排序相类似的参数：

$$CI = \sum_{i=1}^{m} a_i CI_i, \ RI = \sum_{i=1}^{m} a_i RI_i, \ CR = \frac{CI}{RI} \quad (3-6)$$

CI、*RI*、*CR* 与层次单排序的含义相同，只是考虑了权重的影响，其实质是一种加权一致性检验；若 *CR*<0.10，认为层次总排序具有满意的一致性，反之，则需要调整某些判断矩阵，一般首先调整 CR_i 较大的判断矩阵。

2）熵值法

熵值法是客观赋权法。熵是源于热力学的一个物理概念，后由香农（C. E. Shannon）引入信息论，现已广泛运用于社会经济等领域相关问题的研究。在信息论中，熵是系统无序程度的度量，信息则是系统有序程度的度量，两者绝对值相等，符号相反。某项指标的指标值变异程度越大，熵值越小，该指标提供的信息量越大，该指标的权重也应越大；反之，某项指标的指标值变异程度越小，熵值越大，该指标提供的信息量越小，该指标的权重也越小。因此，可以根据各项指标值的变异程度，利用熵值来确定指标权重，从而在一定程度上避免主观因素带来的偏差。

设有 m 个评价单元，n 项评价指标，形成原始数据矩阵为：$X = \{x_{ij}\}_{m \times n}$（$0 \leq i < m$；$0 \leq j < n$），其中 x_{ij} 表示第 i 个评价单元的第 j 项指标。主要计算步骤如下。

（1）数据标准化处理。

第 j 项指标的最大值记为 $x_{j\max}^*$，最小值记为 $x_{j\min}^*$，则：

对于正向指标，x_{ij} 越大越好，数据标准化公式为：

$$x'_{ij} = \frac{x_{ij} - x_{j\min}^*}{x_{j\max}^* - x_{j\min}^*} \tag{3-7}$$

对于逆向指标，x_{ij} 越小越好，数据标准化公式为：

$$x'_{ij} = \frac{x_{j\max}^* - x_{ij}}{x_{j\max}^* - x_{j\min}^*} \tag{3-8}$$

定义标准化矩阵：$Y = \{y_{ij}\}_{m \times n}$，其中 $y_{ij} = \dfrac{x'_{ij}}{\sum x'_{ij}}$，$0 \leq y_{ij} \leq 1$。

（2）计算第 j 项指标的熵值。

$$e_j = -k \sum y_{ij} \ln y_{ij} \tag{3-9}$$

常数 k 与系统样本数 m 有关。对于一个信息完全无序的系统，有序度为零，其熵值最大，$e_j = 1$，m 个样本处于完全无序分布状态时，$y_{ij} = \dfrac{1}{m}$，此时 $k = \dfrac{1}{\ln m}$。

令 $k = \dfrac{1}{\ln m}$，则 $e_j = -\dfrac{1}{\ln m} \sum y_{ij} \ln y_{ij}$。

（3）计算第 j 项指标的差异性系数。

$$g_j = 1 - e_j \tag{3-10}$$

确定第 j 项指标的权重：

$$w_j = \frac{g_j}{\sum g_j} \tag{3-11}$$

2. 生态单元的空间聚类分析

每一生态单元都有一定的主导型生态功能类型及面积比例，有一定的功能类型排列组合方式，这就是区域空间结构。从功能类型结构本身的特征来看，它在质和量、时间与空间方面都有相应的表现形式，它所反映出来的规律性比通常所指的区域分异规律在内容上更为丰富和全面。所以,空间功能类型结构的规律性可以为自下而上的主体功能分区提供较为全面、翔实的依据,可以将相同生态功能的生态单元组合,更好地确定分区边界。

采用统计学的方法可将具有一定的空间联系或空间临近性的功能单元进行聚类处理。常用的方法包括空间聚类法、星座图法、邻域计算等。

1)空间聚类法

多分区单元的类别划分,可采用多元统计上的聚类分析。聚类分析是根据变量(或指标)的属性或特征的相似性、亲密程度,用数学的方法把它们逐步地分型划类,最后得到一个能反映个体或区域之间、群体之间亲疏关系的分类系统。在这种分类系统中,首先要根据一批地理数据或指标找出能度量这些数据或指标之间相似程度的统计量,然后以统计量作为划分类型的依据,聚合为另一类⋯⋯这样,关系密切的便聚合到一小类,而关系疏远的则聚合到一大类,直到把所有的都聚合完毕,最后便可根据各类之间的亲疏关系,逐步画成一张完整的分类系统图,又称谱系图(图3-1)。它的基本特点是:事先无须知道分类对象的分类结构,而只需要一批地理数据,然后选好分类统计量,并按一定的方法步骤进行计算,最后便能自然地、客观地得出一张完整的分类系统图。

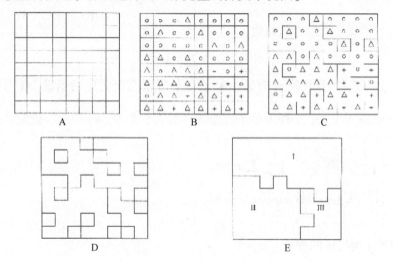

图 3-1　自上而下逐级合并法图示

聚类方法多种多样,如系统聚类法、逐步聚类法、逐步分解法和最优分割法等,其中以系统聚类法应用最广。这种方法的基本思想是先将每个单元各自看成一类,然后定义单元间的距离(或相关系数、夹角余弦)和类与类之间的距离。聚类过程是,首先选择距离最小的两类将其合并成一新类(如果单地间关系采用相关系数,则应选择相关系数最大的两类首先合并),再按类间距离的定义计算新类与其他类的距离，再将距离最近的两类合并，如此继续，这样每次减少一类，直至所有的单元都聚为一类为止。

在定义类与类之间距离方面，也有许多方法，例如，最短距离法、最长距离法、中间距离法、类平均法、重心法和离差平方和法等。最短距离法，是两类之间的距离以两类间的最近样本的距离来表示，它是空间压缩的；最长距离法，是两类之间的距离用两类间最远样本的距离来表示，它是空间扩张的；重心法，是两类之间的距离以重心之间的距离来表示，具有非单调性；类平均法，是两类之间的距离平方以各类元素两两之间的平均平方距离来表示，具有空间保持及单调性；离差平方和法，是两类之间的平方距离用两类归类后所增加的离差平方和来表示，也具有单调性。据研究，类平均法和离差平方和法能充分利用各样本的信息，是类型合并和区划中较好的方法，因而作为分区的主要方法。

2）星座图法

星座图法是一种简便的图解多元分析方法（图 3-2）。这种方法直观清晰，更重要的是便于结合实际情况进行定性的技术加工，从而取得较好的效果。其基本步骤如下。

（1）分别对各项指标的原始数据进行极差变换。

（2）根据指标权重，对分区单元进行直角坐标计算。

（3）绘星座图，即平面内建立直角坐标格网，将上述各单元的坐标值（$x1$，$y1$）在直角坐标系中描绘出相应的点，即一个单元点用一个"星点"表示，便得到星座图。

（4）圈出"星座"进行初步分区。根据星座图中各星点的位置，结合代表样点的实际地理位置，将图中相近的星点，且地理位置毗邻可以相邻成片的样点圈在一起，便构成了"星座"。一个星点不能同时困在两个"星座"内，"星座"之间一般也不要相互穿插交叉，这样便可以各自组成一个分区。对于分界处有些特别难以确定归属的星点，要结合以下的判别分析与模糊综合评判模型进行分析。

（5）判别分析与模糊综合评判基础上的最终分区。上述星座图的初步分区，把地域相邻的主要单元划分为区，但对于分界处未确定或难以确定归属的地域单元，虽然有时可以进行定性的分析确定，但通过判别辨识等定量手段可以更好地确定或辅助确定其归属问题。

判别分析属多元统计分析方法，主要解决把待判样本归入某一已知母体的问题，据母体的多少可以分两组判别或多组判别。两组判别多用于解决界线附近地域单元的归属问题，多组判别则解决一般的分区问题。判别分析不同于聚类分析的是事先已确定了初步分区系统，即划分为多少区及每零点区的基本特征，然后通过判别函数将待判样本归属于已确定的各个分区当中。模糊综合评判模型用于

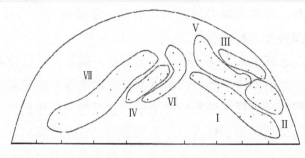

图 3-2 星座图法示意

解决界线附近地域单元归属问题时，基本思路与两组判别分析类似，只是其运算操作是基于模糊集理论，最后的评判（归属）值是介于 0~1 之间的隶属度及赋权求得综合评价。

在确定这些样点归属区域时，必须遵守上述地理毗邻的规定，这种方法把定量计算结果与定性分析有机结合起来，可以取得满意的效果，适用于数值数据和定性结合的分区方法。

需要注意的是，选取各项指标值的变化对系统主行为有不同的作用，这种指标变化对系统主行为的作用方向称为极性。与系统主行为作用或效果方向一致的指标称为正极性指标，与系统主行为作用或效果方向不一致的指标称为负极性指标。由于指标的作用方向不同，在进行数据处理和组合运算时，发生相互干扰或抵消，因而缩小了单元样点之间的差异性，使界限不明显，以至于影响类别划分的效果。因此，在运用数量方法进行分区时，首先要对系统中各项指标的极性进行判别和分析，并作相应的数据处理及等极性变换。

3）邻域计算

邻域计算是一种局部的栅格数据的处理方式，这种局部处理在转换每一像元时考虑与之相邻的像元值。这是因为空间信息除了在不同的图层面的因素之间存在着一定的制约关系外，还表现为空间上存在着一定的关联性。对于栅格数据所描述的某项地学要素，其中的@J3栅格往往会影响其周围栅格的属性特征，准确而有效地反映这种事物空间上联系的特点，是邻域分析的重要任务。对于栅格图形的邻域运算通常是采用移动窗口的方法，开辟一个有固定半径的分析窗口，对整个栅格数据进行过滤处理，使窗口最中央的像元的新值定义为窗口中像元值的极值、加权平均值等系列统计计算。栅格数据的空间邻域统计运算可以将破碎的地物合并和光滑化，以显示总的状态和趋势，从而起到将离散的分区进行整合和连续的效果。

分析窗口的类型。按照分析窗口的形状，可将分析窗口划分为以下类型。①矩形窗口：是以目标栅格为中心，分别向周围 8 个方向扩展一层或多层栅格，从而形成移动窗为如图 3-3 a、b、c 所示的矩形区域，a、b、c 分别表示矩形区域的大小是 3×3、5×5、7×7 的矩形窗口。②圆形窗口：是以目标栅格为中心，向周围作一等距离搜索区，构成一圆形分析面 El，见图 3-3d。③环形窗口：是以目标栅格为中心，按指定的内外半径构成环形分析窗口，见图 3-3e。④扇形窗口：以目标栅格为起点，按指定的起始与终止角构成扇形分析窗口，见图 3-3f。

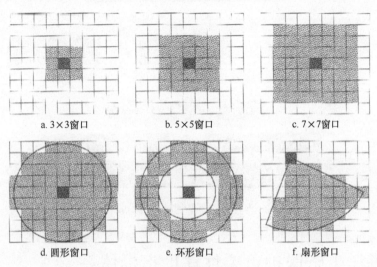

a. 3×3窗口	b. 5×5窗口	c. 7×7窗口
d. 圆形窗口	e. 环形窗口	f. 扇形窗口

图 3-3　邻域计算移动窗的类型

窗口内统计分析的类型。分析窗口内的空间数据的统计分析类型一般有以下几种：①均值（mean）；②极大值（maximum）；③极小值（minimum）；④中值（median）；⑤总值（sum）；⑥范围（range）；⑦多数值（majority）；⑧少数值（minority）；⑨分布值（variety）；⑩标准差（standard deviation）。

3.1.3　技术流程

（1）全面收集浙江的海洋基础数据和相关规划区划资料，开展必要的现场补充调查和高分辨率遥感调查。

（2）根据《海洋生态保护重要性评价技术指南》，结合收集和补充调查的数据优化评价指标体系。

（3）从海洋生物多样性维护功能重要性、海岸防护功能重要性和海岸侵蚀及沙源流失脆弱性 3 个方面开展海洋生态保护重要评价（图 3-4）。

（4）以近岸海湾、湿地、红树林为对象，在相关规划区划研究成果的基础上，结合现场补充调查和多学科综合分析，以极重要区为对象，现场核测极重要区空间范围。

（5）应用 GIS 技术，规范编制研究成果。

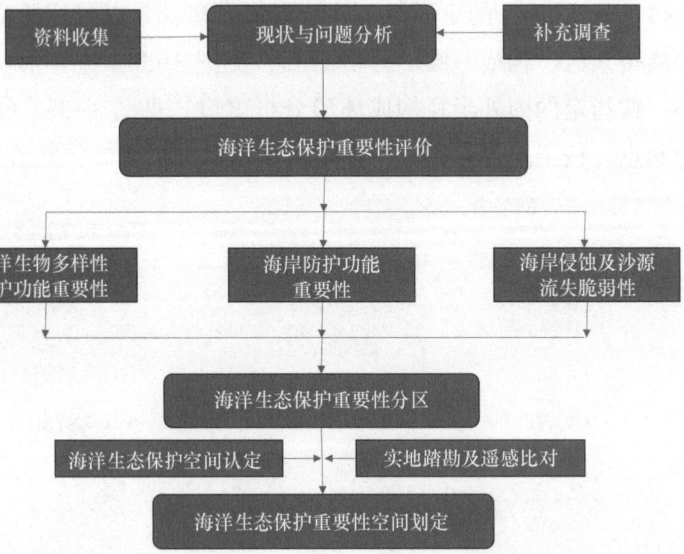

图 3-4 海洋生态保护重要性评价技术流程

3.2 海洋生态保护重要性评价指标体系

开展海洋生态保护重要性评价，主要是对海洋空间内生态系统服务功能重要性、生态敏感或脆弱性进行区分，明确海洋空间内具有更高生态价值和更重要作用的区域，服务海洋两空间内部一红线划定。

3.2.1 海域生态保护重要性评价指标体系

1. 划分评价单元

1）评价范围

浙江海洋生态保护重要评价范围涉及所需海域总面积 4.40 万 km^2。具体范围：北界从浙沪交界的金丝娘桥起向海延伸到领海外部界限（领海基线向外 12 n mile），南界从浙闽交界的虎头鼻经七星岛（星仔岛）南端至北纬 27° 往东延伸到领海外部界限（领海基线向外 12 n mile）。同时为了保持生态系统的完整性，还包括从海岸线向陆延伸的与海洋环境保护密切相关的依托陆域。

2）评价基本单元

评价单元是计算评价指标指数和综合指数的基本单元。评价单元的形式对指标指数的计算方法和海洋生态保护重要性级别划分的精度有重要影响。划分评价单元是评价工作中不可缺少的一步，划分单元能够方便地对各个评价因素进行取值，保证评价结果的准确性和合理性。

本章节依据比例尺为 1∶50 000 的地形图、海图的地理坐标网和方里网，通过 ArcGIS 的 Conversion 工具将生态系统空间分布图进行转换成为 raster 文件，然后利用 focal statistics 工具计算浙江海域每一栅格点（空间分辨率为 25 m）200×200 邻域内（相当于以该栅格点为中心方圆 5 km 范围内）的生态系统多样性（variety），生成一个空间分辨率为 25 m 的生态系统多样性 raster。

2. 重要海洋生态功能区主导功能

海洋生态系统提供多种多样的服务功能，本章节在区域尺度参考相关海洋主导生态功能确定的基础上，根据海洋生态功能对区域海洋生态系统健康及沿海社会经济可持续发展的重要性，结合浙江海域海洋生物与生态特征，筛选、合并后选取 5 项服务功能（表3-4）作为区域海洋主导生态功能，以此作为评价潜在重要海洋生态功能区生态功能重要程度的依据，为制定各类型海洋生态功能重要性分级标准提供参考。

表 3-4　区域海洋主导生态功能

服务	表现特征
海洋生物多样性维持	由海洋生态系统产生并维持的遗传多样性、物种多样性与系统多样性，对其他生物所提供的生存生活空间和庇护场所
海洋产品供给	海洋生态系统为人类直接或间接提供的各种海洋食品、盐产品、原材料、医药资源等
海岸带防护	海洋典型生态系统所形成的一道缓解或抵抗风暴、海浪对海岸冲击的天然屏障，具有稳定和保护海岸的重要功能
淡水和营养物质输入	为海洋生物多样性与人类可持续发展提供重要的淡水和营养物质输入服务
海洋文化服务	休闲娱乐服务：由海岸带和海洋生态系统所形成的独有景观和美学特征，为人类提供精神享受、旅游休憩的服务 教育科学服务：海洋生态系统为社会的教育以及科学研究提供了基础

3. 潜在重要海洋生态功能区

生态系统服务价值间接反映了生态系统服务功能的重要性，是生态功能的定量化反映；而法律法规中涉及的典型生态系统从侧面也反映了生态重要性。

根据 Costanza 等[63]对全球不同海洋生态系统服务价值高低的计算（表3-5），及《中华人民共和国海洋环境保护法》第二十条的规定，共识别出河口、滨海湿地、海岛、红树林生态系统、珊瑚礁生态系统、海草床生态系统、珍稀濒危物种集中分布区、渔业资源保育区、自然遗迹与景观区 9 类潜在的重要海洋生态功能区。

表 3-5　1997—2011 年生态系统服务单位价值变化

生物群落	单位价值/（$/hm²/yr）		
	1997	2011	1997—2011
海洋	796	1 368	572
大洋	348	660	312
海岸带	5 592	8 944	3 352
河口	31 509	28 916	−2 593
海草/海藻床	26 226	28 916	2 690
珊瑚礁	8 384	352 249	343 865
大陆架	2 222	2 222	0
潮滩湿地/红树林	13 786	193 843	180 057
陆地	1 109	4 901	3 792
森林	1 338	3 800	2462
热带	2 769	5 382	2 613
温带/季风区	417	3 137	2 720
草地/牧场	321	4 166	3 845
内陆湿地	27 021	25 681	−1 340
湖泊/河流	11 727	12 512	785
农田	126	5 567	5 441
都市	—	6 661	6 661

4. 指标体系构建

1）指标选取原则

选取适当的指标，构建合理的指标体系是生态评价的基础。指标是对客观现象的某种特征进行度量，指标的功能和作用在于能够通过彼此间的相互比较，反映客观事物的状况和特征的不均衡性，为管理和决策提供依据。

因此，指标最基本的特征应包括：

（1）度量性。设计指标的基本目的是用可以度量、计算、判断和比较的数据、数字、符号来反映所研究总体的特征。

（2）总体性。指标是从数量方面反映总体的规模和特征，而不是对单个的总体单位的反映。

（3）代表性。指标并不是总体所反映现象的本身，只是某种现象的代表。

（4）具体性。指标反映总体现象的一般规律时，不能含糊不清，而必须具体明确，指标的本质就在于给事物以明确的表现。

2）指标体系构建

在重要生态功能区主导生态功能、潜在重要海洋生态功能区识别的基础上，根据《海洋生态保护重要性评价技术指南》从物种层次和生态系统层次构建海洋生物多样性维护功能重要性评价指标体系（表3-6）。

表3-6 生物多样性维护功能评价指标

类型	生态空间	评价因素	评价指标
物种层次	海洋保护物种分布区	种群规模重要性	濒危、极危、易危
		分布区域重要性	繁殖区/生活区、洄游区/偶有发现区
	海洋经济鱼类集中分布区	分布区域重要性	产卵场、水产种质资源保护区、幼鱼保护区
生态系统层次	红树林	生境规模	斑块面积
		生境健康程度	红树林覆盖度
	珊瑚礁	生境规模	斑块面积
		生境健康程度	珊瑚盖度
			硬珊瑚补充量
	海草床	生境重要性	斑块面积
		生境健康程度	海草盖度
	滩涂	生物生产力	底栖生物密度、物种数
			珍稀鸟类迁徙路径
		植被情况	植被覆盖度指数
		生境规模	斑块面积
	河口	对物种生活史的特殊性	保护物种产卵场、育幼场、洄游路径
		生物生产力	鱼卵仔鱼密度
			珍稀鸟类迁徙路径
			叶绿素a
	浅海湿地	生物生产力	鸟类迁徙路径
			底栖动物密度、物种数

5. 评价标准确定

1）评价标准来源和分级

标准参考值的选择是海洋生态保护重要性定量评价的难点之一，标准的设置是否科学合理，直接影响到评价结果的正确与否。目前，关于海洋生态保护重要性评价的标准仍处于探索阶段，如何建立科学合理的评价标准和参考系需要做大量工作以及跨学科的协作。目前，本章节关于海洋生态保护重要性评价的标准值主要依据以下几个方面。

（1）国家行业和地方规定的标准以及国际标准，如国家或国际组织颁布执行的环境质量标准、地方政府颁布的规划目标等。

（2）行业标准或技术导则、科学研究已形成的共识，通过科学研究已判定的保障生态与环境处于理想状况的指标。

（3）变化趋势，以该指标的变化趋势及其变化幅度作为标准参考值。

（4）全国或区域同一指数区间范围，以全国或区域纬度相近或生境类型相近的生态系统状态平均值/高值/低值作为标准参考值。

（5）参考区域内或相近地区的历史背景值，或参考保存较好地区的相似指标值作趋势外推，确定标准参考值。

重要性分级：指标计算结果得出后，需要通过分级评价来将抽象的数字转变为直观的结论表达出来，因此重要性分级是评价的关键环节。保护重要性等级划分通常以人为设定的阈值为基础，结合研究者经验和研究区的实际情况来进行。常用方法有以下 3 种：①等间距法，以生态重要性指数为标准，在指数间等间距划分脆弱性级别；②数轴法，将生态重要性指数标绘在数轴上，选择点数稀少处作为等别界限；③总分频率曲线法，对生态重要性指数进行频率统计，绘制频率直方图，选择频率曲线突变处作为级别界限。对现有研究工作进行总结，可发现目前主流的生态评价分级一般为 4~5 级。根据项目的整体需求和《海洋生态保护重要性评价技术指南》的技术要求，按 3 级制划分生态保护重要性评价结果分级。

2）评价标准确定

根据《海洋生态保护重要性评价技术指南》（征求意见稿），海洋生物多样性维护功能重要性评价基于区域重要性、规模、生产力或多样性及区域独特性 4 个方面确定重要性层级。

表 3-7　重要性层级评判标准

1. 区域重要性	①支持珍稀濒危物种典型生态系统； ②生物某个生活史阶段的重要区域	2. 规模	①生态系统分布区面积； ②生物种群规模
3. 生产力或多样性	①初级生产力； ②浮游、底栖、鸟类等多样性； ③植被覆盖度	4. 区域独特性	独特、罕见的生物群落、生态系统、地形地貌或海洋学特征区域

从这 4 个层级初步评判出各指标的重要性程度。

表 3-8　各生态空间生态重要性初步判定

		极重要	重要
珊瑚礁	1	全部分布区	
红树林	1	全部分布区	
海草床	1	全部分布区	
海藻场	2　3	集中连片、生产力高	其余
滨海盐沼	2　3	集中连片、植被覆盖度高	其余
滩涂及浅海水域	1　2　3	集中连片、生物多样性高、鸟类栖息迁徙、分布典型生境	其余
河口	1　2　3	自然连片、初级生产力高、重要鱼类洄游、分布典型生境	其余
无居民海岛	1　3	权益重要、鸟类栖息迁徙、植被覆盖度高	其余
渔业资源生长繁育区	1　2	极小种群关键种群的产卵场	索饵场、越冬场、洄游通道
特有生境	3　4	区域独特、多样性高	区域独特、多样性较高

根据这些指标初步判定评价标准。

评价指标中叶绿素 a、底栖生物、浮游生物这些定性评价基于层次分析法和熵值法确定权重，而对于滨海盐沼、河口等在定量评价的基础上，根据重要海洋生态功能区的内涵，以区域海洋主导生态功能为主，生态系统结构为辅，细化分级标准（表 3-9）。评价过程中可根据类型和研究区域实际情况对指标进行酌情选用。

表 3-9　评价指标分级赋分标准

层次	区域	评价指标	重要性	
			极重要	重要
物种层次	珍稀濒危生物分布区	种群规模	濒危/极危	易危
		分布区域重要性	集中分布区/繁殖区/生活区	洄游区/偶有发现区
	海洋经济鱼类集中分布区	分布区域重要性	产卵场、种质资源保护区核心区	越冬场、索饵场、洄游通道、种质资源保护区实验区

层次	区域	评价指标	重要性	
			极重要	重要
生态系统层次	红树林	斑块面积、覆盖度	√	—
	滩涂湿地	底栖生物	多样性高	多样性中等以下
		珍稀鸟类迁徙路径	是	—
		植被覆盖度指数	前50%分位	后50%分位
		斑块面积	前50%分位	后50%分位
	河口	保护物种产卵场、育幼场、洄游路径	是	—
		鱼卵仔鱼密度	密度高	密度中等以下
		珍稀鸟类迁徙路径	是	—
		叶绿素a	高	中等以下
	浅海湿地	珍稀鸟类迁徙路径	是	—
		底栖生物	多样性高	多样性中等以下
		浮游生物	多样性高	多样性中等以下

6. 集成分析

海洋生物多样性维护功能重要性依据物种层次和生态系统层次重要性评价结果进行集成，形成全域海洋生态重要性评价结果。

[海洋生物多样性维护功能重要性] = Max（[物种层次生物多样性维护功能重要性]，[生态系统层次海洋生物多样性维护功能重要性]）

表3-10　区域海洋主导生态功能评价指标

类型	分级标准		
	高（Ⅰ）	中（Ⅱ）	低（Ⅲ）
河口	淡水及营养物质输入量大，主要海洋经济生物的产卵、育幼、索饵场及洄游通道，对维持区域海洋生态系统结构和功能稳定性具有重要作用的河口	淡水及营养物质输入量较大，对维持区域海洋生态系统结构和功能稳定性具有较重要作用的河口	淡水及营养物质输入量小的河口
滨海湿地	①列入国际、亚洲、中国重要湿地名录的湿地；②符合《国家重要湿地确定指标（GB/T 26535—2011）》的湿地	列入省级重要湿地	未列入

续表

类型	分级标准		
	高（Ⅰ）	中（Ⅱ）	低（Ⅲ）
珍稀濒危物种集中分布区	①列入《濒危野生动植物种国际贸易公约》（CITES）附录Ⅰ及附录Ⅱ的物种；②列入《国家重点保护水生野生动物名录》国家Ⅰ级和Ⅱ级重点保护物种集中分布区；③《中国物种红色名录》中极危、濒危、易危海洋物种集中分布区	①列入《濒危野生动植物种国际贸易公约》（CITES）附录Ⅲ的物种；②《中国物种红色名录》中近危海洋物种集中分布区	未列入
渔业资源保育区	①海洋经济生物物种的产卵场；②初级生产力高，鱼卵、仔稚鱼丰富，有适宜渔业资源保育的海洋学特征的海区	①海洋经济生物物种的越冬场、索饵场或洄游通道等；②初级生产力较高，鱼卵、仔稚鱼较丰富，有较为适宜渔业资源保育的海洋学特征的海区	未列入
自然遗迹与景观区	①具有重要的生态、科研、海洋文化价值，且受到较少人为干扰的景观或遗迹区；②滩面宽，岸滩长，沙质细软，沙色为白色或金黄，海滨海水清洁，具有重大滨海旅游和美学价值的砂质岸线	①具有较重要的生态、科研、海洋文化价值的景观或遗迹区；②滩面较宽，岸滩较长，沙质较细软，海滨海水较清洁，具有重要滨海旅游和美学价值的砂质岸线	未列入

3.2.2　大陆岸线生态保护重要性评价指标体系

1. 指标体系构建

大陆岸线生态保护重要性评价以"线-面"结合的方式进行，其评价结果包括两个层面的内容。

（1）海域生态保护重要性评价结果中重要滨海湿地、红树林等海洋生态空间所依托的岸线。

（2）重点基于生态服务功能、生态敏感性和防护功能3个层面评价出来的生态保护重要大陆岸线。

本项目以层级模型构建了3个层次的大陆岸线生态保护重要性评价指标体系，即目标层、准则层、指标层。

（1）目标层。目标层为大陆岸线生态保护重要性。

（2）准则层。准则层指影响目标实现的要素，目标层下共识别3个准则层，包括生态服务功能重要性、生态敏感性和物理防护功能重要性。

（3）指标层。即每一个评价准则具体由哪些指标表达。指标层需经过简化和筛选并可以通过评价标准来衡量。本章节在3个准则层初步选取了12个指标用来衡量区域大陆岸线生态保护重要性。

具体到指标层上，在大陆岸线生态保护重要性评价中可选用的较具普适性的空间重要指标和数字指标包括以下几个方面。

（1）海洋自然保护区。海洋自然保护区是以海洋自然环境和资源保护为目的，依法把包括保护对象在内的一定面积的海岸、河口、岛屿、湿地或海域划分出来，进行特殊保护和管理的区域。建立海洋自然保护区是保护海洋生物多样性的一项重要举措。一方面，自然保护区的建立排除了人类活动对受保护生境或生态系统的直接干扰，能有效抑制其退化趋势；另一方面，建立海洋自然保护区，对保护区内物种及其物理环境实施保护，使物种间及生物与环境之间的自然关系得以恢复，进而使退化的生境和生态系统逐渐恢复其合理的自然状态。由于其在生物多样性保护上的特殊意义，海洋自然保护区的范围优先列入海洋生态保护的极重要区，其依托的大陆岸线也优先列入生态保护重要区。

（2）海洋特别保护区。海洋特别保护区是指对具有特殊地理条件、生态系统、生物与非生物资源及海洋开发利用特殊需要的区域采取有效的保护措施和科学的开发方式进行特殊管理的区域。鉴于其在海洋生物资源、景观和生态等方面的特殊意义，海洋特别保护区可被选为表征岸线生态保护重要性的重要指标之一。

（3）重要滨海湿地或湿地公园。各类湿地在提供调节气候、涵养水源、抵御洪水、降解污染物、保护生物多样性与生活资源方面发挥重要作用，具有极高的生态服务价值。在准则下，可以认为重要滨海湿地所依托的大陆岸线普遍具有较高的生态保护重要性。

（4）水产种质资源保护区。水产种质资源保护区指为保护水产种质资源及其生存环境，在具有较高经济价值和遗传育种价值的水产种质资源的主要生长繁育区域，依法划定并予以特殊保护和管理的水域、滩涂及其毗邻的岛礁、陆域。由于水产种质资源保护区一般位于沿岸、滩涂或河口区域，人类活动强度大，尤其是近年来沿岸涉渔工程建设、过度捕捞及水体污染等人类活动的影响，保护区遭受到不同程度的影响。因此，将保护区及其依托的大陆岸线列入生态重要保护区范围是有必要的。

（5）红树林。红树林一般分布在江河河口与沿岸海湾内，是陆地生态系统向海洋生态系统过渡的重要生态系统。具有极高的生产力，在有机物生产、防灾减灾、造陆护堤、污染净化、生物多样性维护和生态旅游方面有着重要的生态服务功能，因此该类生态系统具有极高的生态保护价值。

（6）牡蛎礁。牡蛎礁是由大量牡蛎固着生长于硬底物表面所形成的一种生物礁，它广泛分布于温带和亚热带河口和滨海区；除为人类提供鲜活牡蛎以供食用外，牡蛎礁还具有许多重要的生态功能与服务价值，包括净化水体、提供栖息地、防止岸线侵蚀等，因而将牡蛎礁列入岸线生态保护重要区。

（7）砂质岸线。一般情况下，砂质海岸沙滩面宽、岸滩长，坡度缓、砂质细柔，沙色为白色或者金黄色，具有较重要的美学价值和滨海旅游价值。然而，近年来，由于自然因素和人类活动的影响，滩面越来越窄，沙质粗硬，沙色灰暗或灰黑，海滨海水污染严重，给海滨的美观带来影响，保存完好、自然条件优越的沙滩资源成为珍贵的景观和旅游资源，为人类提供不可替代的生态服务。因此，可以认为保存越完好的沙滩资源越容易受到旅游开发的影响，同时具有更高的保存价值，其生态保护重要性越高。

（8）淤泥质岸线。淤泥质海岸是指由粉砂和淤泥等细颗粒物质所组成的坡度平缓的海岸。浙江沿岸滩涂资源丰富，杭州湾、象山港、三门湾、乐清湾、温州湾等各大河口海湾淤泥质岸线较为丰富。但近几十年来的大规模围填海，以及海岸工程建设和海岸带开发，伴随着截弯取直、改变岸线自然属性等现象，淤泥质岸线锐减。

（9）基岩岸线。基岩海岸线的潮间带底质以基岩为主，是由第四纪冰川后期海平面上升，淹没了沿岸的基岩山体、河谷，再经过长期的海洋动力过程作用形成岬角、港湾相间的曲折岸线。基岩岸线处于海陆相交的区域，受到物理、化学和生物等多种因素的强烈影响，是一个生态多样性较高的生态边缘区，它不仅对保护岸线和维持生态功能有积极意义，而且是当地资源开发的基础。

（10）岸滩下蚀速率。岸滩下蚀速率指由自然或人为因素造成的岸滩面高程单位时间内降低幅度，能够在一定程度上表征海岸侵蚀程度，海岸侵蚀程度越高，生态敏感性/脆弱性程度越高。

（11）岸线变化速率。海岸带因其优良的资源条件已经成为人类的宝贵财富。岸线的变化，特别是海岸的侵蚀，经常给沿海带来巨大损失，对生态环境造成危害。

2. 确定分级评价标准

本项目根据整体需求和"两空间内部—红线"的划定特点，暂按 3 级制划分生态保护重要性的评价结果，并建立相应的评价标准（表 3-11）。

表 3-11　大陆海岸线评价指标及赋分标准

	指标意义	评价指标	极重要	重要	一般
生态服务功能重要性	反映在生物多样性保护、物种保护以及景观多样性保护等方面	海洋自然保护区	核心区和缓冲区	实验区	
		海洋特别保护区	重点保护区和生态与资源恢复区	预留区和适度利用区	
		重要滨海湿地（湿地公园）	是		
		种质资源保护区	核心区	实验区	
		红树林	是		
		牡蛎礁	是		
		砂质岸线	滩面宽、岸滩长、坡度缓、砂质细柔，沙色为白色或者金黄色，具有重要美学价值和旅游价值	滩面较宽、岸滩较长、坡度较缓、砂质细柔，沙色为浅色或土黄色，具有较重要美学价值和旅游价值	滩面窄、岸滩短、坡度陡、砂质粗硬，沙色为暗灰或黑色
生态敏感性	表征岸线受自然或人为影响大小的因素	淤泥质岸线	长度≥1 km，且植被覆盖度大于30%	0.5 km<长度≤1 km，且20%<植被覆盖度≤30%	长度≤0.5 km，或植被覆盖度≤20%
		地质灾害风险	坡度>30°，且植被覆盖率较低	20°<坡度≤30°，且植被覆盖率一般	坡度<30°，且植被覆盖率高
		岸滩下蚀速率/（cm/a）	≤-10	-10<岸滩下蚀速率≤-1	>-1
		岸线变化速率/（m/a）	<-10	-10<岸滩下蚀速率≤4	>4
物理防护功能重要性		基岩岸线	原真性和完整性高，长度>1 km	原真性和完整性高，0.5 km<长度≤1 km	原真性和完整性较差，长度<0.5 km

3. 集成分析

对大陆海岸线生态服务功能重要性、海岸物理防护功能重要性、海岸生态敏感性评价结果进行集成，海岸生态服务功能重要性、海岸物理防护功能重要性、海岸生态敏感性评价结果的较高等级，作为生态保护重要性等级的初判结果。

3.2.3　无居民海岛生态保护重要性评价指标体系

1. 无居民海岛生态保护功能重要性评价基础指标体系

开展无居民海岛生态保护重要性评价，主要是对无居民海岛生态系统服务功能重要性、生态敏感或脆弱性进行区分，明确具有更高生态价值和更重要作用的无居民海岛。无居民海岛生态保护重要性评价采用定量和定性的综合方法，从生境保护功能、领海权益功能和海岸侵蚀及沙源流失敏感性 3 个层面进行定量评价（表 3-12），综合无居民海岛面积、离岸距离、开发利用现状情况的定性分析结果，最终确定浙江省生态重要无居民海岛。

表 3-12　无居民海岛生态保护功能重要性评价指标及分级标准

生态空间		评价指标	极重要区
生境保护功能重要性	珍稀鸟类栖息地	珍稀鸟类迁徙路径	是
	珍稀濒危生物分布区	分布区域重要性	集中分布区/繁殖区/生活区
	重要贝藻类资源分布区	分布区域重要性	集中分布区
	潮间带生物资源富集区	潮间带面积占比	面积占比大于 10
	特殊自然景观	特殊海岛景观分布区域重要性	集中分布区
		植被覆盖度指数	前 75%分位
	红树林生态系统	分布区域重要性	集中分布区
领海权益功能重要性	维护国家海洋权益和保障国家海上安全方面具有重要价值		集中分布区
海岸侵蚀及沙源流失敏感性	原生及整治修复后具有自然形态且砂质岸线达到一定规模		砂质岸线占比≥4%

1）生境保护功能重要性评价

分别从不同的生态空间类型开展无居民海岛生境保护功能重要性评价，评价指标见表 3-12。

无居民海岛生境保护功能重要性依据各类生态空间重要性评价结果进行集成，形成全域无居民海岛生态重要性评价结果。

2）领海权益功能重要性评价

领海权益功能重要性评价主要识别在维护国家海洋权益和保障国家海上安全方面具有重要价值的无居民海岛，以及其他具有重要政治、经济利益的无居民海岛。

3）海岸侵蚀及沙源流失敏感性评价

海岸侵蚀及沙源流失敏感性评价主要基于无居民海岛的海岸地貌类型，将原生及整治修复后具有自然形态且砂质岸线达到一定规模的海岛划为极敏感，本章节中考虑将砂质岸线占比≥4%的无居民海岛划入敏感区。

4）集成分析

对无居民海岛生境保护功能、领海权益功能和海岸侵蚀及沙源流失敏感性评价结果进行集成。借鉴生态学中的最小限制因子定律思想，采用取极大值的方法确定各无居民海岛的生态保护重要性。

无居民海岛生态保护重要性=Max（生境保护功能重要性、领海权益功能重要性、海岸侵蚀及沙源流失敏感性）

2. 无居民海岛生态保护功能重要性评价优化方法

1）无居民海岛面积和海岛离岸距离

无居民海岛面积和海岛离岸距离是决定无居民海岛保护与利用价值的最基本要素，考虑将上述定量评价结果中处于近岸、面积小于 500 m^2 且不在各类保护区中的无居民海岛剔除。

2）无居民海岛开发利用现状

综合考虑上述定量评价结果中无居民海岛的开发利用现状情况，将已开发利用无居民海岛剔除。

3.3 海洋生态保护重要性评价结果

3.3.1 海域生态保护重要性评价结果

1. 定量评价结果

1）资料收集

全面收集浙江省所辖海域的海湾河口分布状况、海域及海岛的自然环境条件、自然资源、自然灾害、开发利用现状、社会经济等方面的最新资料，以及相关规划和区划资料等。

（1）基础底图数据：采用最新的国家基本比例尺地形图和海图。影像资料采用最近 1 年的航空或卫星遥感影像，地面分辨率不低于 15 m。

（2）自然环境资料：主要包括地质地貌、气候气象、陆地水文、海洋水文、海洋化学、海洋生物、海洋环境质量等，其中海洋自然环境资料采用近 3 年的资料。

（3）海洋生态保护资料：主要包括海洋保护、重要渔业水域、滨海湿地、红树林、鸟类等基础数据。

（4）自然资源及开发利用资料：主要包括海岸线及功能、海域、滩涂、海岛、港口巷道、旅游、海洋渔业等。

（5）自然灾害资料：主要包括气象灾害、海洋灾害、海岸侵蚀及沙源流失等。

（6）相关规划资料：主要包括国家级开发战略规划、省级海洋主体功能区划、海洋功能区划、海洋环境保护规划、海岸线保护与利用规划、海岛规划，以及港口、土地等专项规划。

2）数据来源

表 3-13　生物多样性维护功能重要性评价指标数据来源

指标	数据来源	时间期限
珍稀濒危生物分布区	各海洋保护区选划报告	—
海洋经济鱼类集中分布区	浙江沿岸产卵场保护区选划报告	2016 年
红树林	"三调"红树林图斑和浙江省海洋水产养殖研究所调查数据	2020 年
叶绿素 a	浙江省海洋监测预报中心	2013—2017 年夏季
浮游植物	浙江省海洋监测预报中心	2013—2017 年夏季
浮游动物	浙江省海洋监测预报中心	2013—2017 年夏季
底栖生物	浙江省海洋监测预报中心	2013—2017 年夏季
植被覆盖度	高分辨率卫星遥感影像	2018 年
海洋重要自然生态空间	浙江省海洋与渔业局	2018 年

3）数据处理

分别计算近 5 年浮游植物、浮游动物和底栖生物的 Shannon-Wiener 指数。

$$H' = - \sum_{i=1}^{S} P_i \log_2 P_i \qquad (3-12)$$

其中，H' 为群落的多样性指数；S 为种数；P_i 为样品中属于第 i 种的个体的比例，如样品总个体数为 N，第 i 种个体数为 n_i，则 $P_i = n_i/N$。

标准化处理。用极差法对 4 个指标进行处理（浮游植物、浮游动物和底栖生物的 Shannon-Wiener 指数以及叶绿素 a 浓度)。首先计算指标值的最小值和最大值，并计算极差，通过极差法将指标映射到 [0, 1] 之间。

正向指标的公式为:

$$\chi'_i = \frac{\chi_i - \chi_{min}}{\chi_{max} - \chi_{min}} \qquad (3-13)$$

负向指标的公式为:

$$\chi'_i = \frac{\chi_{max} - \chi_i}{\chi_{max} - \chi_{min}} \qquad (3-14)$$

其中，χ_i 为原数据；χ'_i 为新数据；χ_{min}、χ_{max} 分别为指标数据序列的最大值和最小值。

4) 单因子评价结果

依照海洋生物多样性指数对海洋生物多样性丰富程度分别划定浮游植物、浮游动物和底栖生物高/中/低 3 个定量的评价标准。Shannon-Wiener 多样性指数 H' 基准值的确定主要根据 2013—2017 年调查数据进行列序分析，并参考文献进一步修正设定。

评价标准的基准值确定列序方法:

根据收集到的 2013—2017 年浮游植物、浮游动物和底栖生物调查数据，采用 SPSS16.0 分别计算不同年份不同站位的 Shannon-Wiener 多样性指数 H'。并建立数据序列，用 Excel 进行序列累计百分位分析，去除数据序列异常值，取数据序列的第 90% 位值为参考基准值，再以此边界值除以 4 依次确定各等级之间的边界值。

根据以上方法得到浮游植物、浮游动物、大型底栖生物 H' 的参考基准值分别为 2.79、3.74 和 3.02。浙江近岸海洋物种多样性丰富程度评价见表 3-14。

表 3-14　浙江近岸海洋物种多样性丰富程度评价标准值

评价指标	指标标准值			数据统计年限	数据组
	高	中	低		
浮游植物多样性指数	≥2.79	[2.09, 2.79)	[1.40, 2.09)	2013—2017 年	863
浮游动物多样性指数	≥3.74	[2.81, 3.74)	[1.87, 2.81)	2013—2017 年	410
底栖生物多样性指数	≥3.02	[2.27, 3.02)	[1.51, 2.27)	2013—2017 年	358

生物多样性指数高说明海域生物资源丰富，生态系统相对更为稳定，反之则说明生态系统脆弱性及敏感性更高，需要进行不同程度地保护和修复。通过 ArcGIS 的 Conversion 工具将生态系统空间分布图转换成为 raster 文件，然后利用 focal statistics 工具计算浙江海域每一栅格点 (空间分辨率为 25 m) 200×200 邻域

内（相当于以该栅格点为中心方圆 5 km 范围内）的生态系统多样性，生成一个空间分辨率为 25 m 的生态系统多样性 raster。按照表 3-14 的分区打分，计算基于生态系统多样性的生态保护重要性分值（EIV）。

若基于多样性指数进行分析的重要性分级不是很明显，可对多样性指数进行标准化处理后，再进行分级分析。

然后将浮游植物多样性、浮游动物多样性、底栖生物多样性、叶绿素 a 含量的评价结果进行集成，得到的最大值即为定量评价的结果。

2. 定性评价结果

定性评价主要是针对滨海盐沼、红树林、滩涂及浅海区域等地理单元的识别。

1）数据来源

《关于设立浙江近海主要经济鱼类产卵场保护区的通告》（浙海渔政〔2017〕16 号）；

《浙江省湿地保护规划（2006—2020 年）》；

《浙江省人民政府办公厅关于公布首批省重要湿地名录的通知》（浙政办发〔2014〕125 号）；

《浙江省人民政府办公厅关于公布第二批省重要湿地名录的通知》（浙政办发〔2017〕19 号）；

《浙江省自然资源厅关于报送重点海湾河口及其重要自然生态空间选划成果的函》（浙自然资〔2018〕36 号）；

2018 年高分辨率卫星遥感数据。

其他湿地自然公园、植被分布、鸟类分布的数据均来自浙江省林业局。

2）定性海洋空间的识别办法

《海洋生态保护重要评价技术指南》明确了海洋生态空间的识别办法。

（1）红树林。调查范围内斑块面积大于等于 0.05 hm^2 的红树林斑块。

红树林生态系统采用卫星遥感图片解译和实地调查相结合的方法，在地图上确定红树林斑块的重要边界点，并在 GIS 图上绘制其分布范围。

红树林生态监测方法依据《滨海湿地生态监测技术规程 HYT 080—2005》，监测红树林植物种类、密度、树高、胸径、生物量等生物学指标。

遥感识别参考《海洋监测技术规程 第 7 部分：卫星遥感技术方法（HYT 17.7—2013）》，采取人机交互式的方式对监测区域内红树林和裸滩进行解译。解译时，影像放大到合适尺度，尽量做到矢量边界与红树林边界重合，对于难以辨认的，结合野外实测进行。影像解译过程中，多幅影像叠加对比，无变化区域以最高精度影像为准，有变化区域以最新影像为准。

（2）河口。位于河流和海洋生态系统的交汇处，为河流的终段，是河流和海洋的结合地段。包括从近口段的潮区界（潮差为零）至口外海滨段的淡水舌锋缘之间的永久性水域和水下三角洲、拦门沙、沙脊、浅滩等，以及河口系统四周冲积的泥/沙滩、沙洲、沙岛（包括水下部分），植被盖度小于30%。

采用遥感识别方法，已知河流入海区位，依据河口地貌学方法，以河口岸线或入海河道宽度突变位置为河口—河流分界，围封河口水域的海岸线的包络线为河口—海洋分界，并结合遥感影像，修正河口与海洋的分界，完成河口的识别划定。

（3）滩涂湿地及浅海水域湿地。调查范围内斑块面积大于等于 1 hm² 的湿地斑块。

滩涂湿地及浅海水域湿地采用卫星遥感图片解译和实地调查相结合的方法，在地图上确定每处湿地重要边界点，并在 GIS 图上绘制其分布范围。

生态监测方法依据《滨海湿地生态监测技术规程 HYT 080—2005》，监测类型、分布、面积、植被以及生态指标等。

遥感识别依据《海洋监测技术规程 第 7 部分：卫星遥感技术方法（HYT 17.7—2013）》和《全国湿地资源调查技术规程》，采取人机交互式的方式对其进行解译。

结合浙江海洋生态环境状况，制定了符合浙江海洋实际的定性生态空间识别与范围界定标准。

表 3-15　重要性海洋生态空间识别标准

序号	类型	识别标准	界线划定
1	重要滨海湿地	已列入或计划列入省级以上重要湿地名录；发育一定规模，在生态区位、生态系统功能和生物多样性方面具有一定的代表性。可参照《国家重要湿地确定指标》（GB/T 26535—2011）	范围为海岸线向海至 6 m 等深线或向海延伸一定距离内的区域，包括水生动物或鸟类重要栖息地
2	重要沙滩（源）	沙滩长度一般超过 50 m，物质组成均匀，包括已整治修复的沙滩	范围为向陆至风成沙丘后缘线（或至海岸防护构筑物、防护林、公路等），向海至沿岸水下沙坝外缘线（或泥沙分界线、波浪基线、岬角连线）
3	产卵场保护区	已建的各级别的产卵场保护区	原则上全部划入生态保护红线，范围为产卵场保护区的批复边界
4	红树林	斑块面积大于等于 0.05 hm² 的红树林斑块或规划区域	现场核测区域与正在或规划实施生态整治修复区域叠加得到的范围

序号	类型	识别标准	界线划定
5	河口重要生态区	在维持河口生态系统健康和生态服务功能等方面具有重要作用的区域	范围以自然地形地貌分界范围确定
6	自然保护地	已建的和拟建的各类别的自然保护地	已批复和规划的自然保护地的范围

在定性评价的过程中产卵场保护区做单独处理，得出结果如表 3-16。

表 3-16　重要海洋生态空间

序号	重要海洋生态空间	
	名称	面积/km^2
1	海盐秦山滨海湿地	6.67
2	钱塘江河口生态区	476.30
3	杭州湾国家湿地公园	32.27
4	杭州湾南岸滨海湿地	237.54
5	王盘山省级海洋自然公园	118.23
6	浙江舟山五峙山列岛鸟类省级自然保护区	4.97
7	浙江嵊泗马鞍列岛国家海洋公园	650.39
8	浙江普陀中街山列岛国家海洋公园	221.79
9	浙江舟山东部省级海洋公园	1679.52
10	蓝点马鲛种质资源保护区核心区	162.18
11	浙江象山韭山列岛国家级自然保护区	462.87
12	浙江渔山列岛国家海洋公园	62.59
13	西沪港滩涂湿地	45.22
14	花岙国家级海洋公园	43.80
15	岳井洋湿地	51.23
16	青山港湿地	25.10
17	浙江台州大陈省级海洋公园	20.15
18	浙江台州椒江大陈岛省级地质公园	24.32
19	浙江玉环国家海洋公园	322.14
20	浙江乐清西门岛国家海洋公园	24.61

序号	重要海洋生态空间	
	名称	面积（km²）
21	乐清清江口湿地	7.77
22	乐清湾泥蚶国家级水产种质资源保护区	11.78
23	鹿城七都涂滨海湿地	1.01
24	浙江温州龙湾省级海洋公园	22.58
25	浙江洞头国家海洋公园	334.64
26	浙江温州铜盘岛省级海洋公园	23.53
27	浙江南麂列岛国家级海洋自然保护区	200.37
28	龙港红树林省级湿地公园	1.34
29	浙江温州七星列岛省级海洋公园	56.04

3）典型重要生态空间实地踏勘

（1）杭州湾南岸滨海湿地。

杭州湾南岸滨海湿地位于浙江杭州湾国家湿地公园的东侧，两者一起构成了完整的杭州湾南岸滨海湿地区，是中国八大盐碱湿地之一，所在的庵东滩涂被列入中国重要湿地名录。杭州湾湿地具有丰富的生物多样性，河口性鱼类丰富，是多种降河性洄游鱼类产卵生活的场所，盛产鳗鱼苗。此外，该湿地区刚好处在东亚——澳大利亚的候鸟迁徙路线的中端，既包括广阔的滩涂，也包括大片的芦苇荡与草地，以良好的生态环境、丰富的食物，每年吸引了大量候鸟的光临，是多种冬候鸟在浙江的主要越冬地和多种候鸟迁徙的重要驿站，也是浙江海岸湿地水鸟资源最集中的地区。

据鸟类多样性调查，杭州湾南岸滨海湿地区共有鸟类16目52科220余种。其中候鸟有173种，占总数的78.6%，包括冬候鸟92种、旅鸟48种、夏候鸟28种和迷鸟5种。记录繁殖鸟（夏候鸟和留鸟）75种。雀形目、鸻形目、雁形目和鹳形目为记录物种数最多的4个目，分别记录80种（36.4%）、57种（25.9%）、26种（11.8%）和15种（6.8%），其他目鸟类物种数均低于5%。在所记录到的鸟类中，列入国家重点保护野生动物名录的有24种，其中国家Ⅰ级重点保护鸟类5种，分别是东方白鹳（*Ciconia boyciana*）、白鹤、白头鹤、中华秋沙鸭和遗鸥（*Larus relictus*）；国家Ⅱ级重点保护鸟类19种。被列入世界自然保护联盟（IUCN）濒危物种红色名录（IUCN，2012）的鸟类23种，包括极危（CR）等级的白鹤，濒危（EN）等级的东方白鹳、中华秋沙鸭、青头潜鸭（*Aythya baeri*）和黑脸琵鹭

（*Platalea minor*）等，其他18种属于易危和近危物种。

（2）象山西沪港滩涂湿地。

西沪港是象山港中部的次一级港汊，口小腹大，形若罂湖。该区总面积45.24 km²，其中，盐沼湿地面积7.6 km²。港内风平浪静，潮缓滩浅，涂面稳定，泥质松软，四周有淡水注入。独特的地理位置和适宜的气候条件使西沪港内栖息着大量的东海鱼、虾、蟹、贝及滩涂生物和海藻类等生物，且西沪港的海洋生物具有品种数量繁多、品质优良等特点。同时，西沪港又是重要鱼类和其他海洋生物的重要繁殖地和栖息地。此外，以西沪港作为停留、觅食、过冬的冬候鸟和夏候鸟也相当丰富。列入国家重点保护和省重点保护鸟类品种有30多种。其中，最为常见的有野鸭类、大雁类、海鸥、白鹭、小脚青鹬等，也常见已经列入世界濒危保护动物红皮书的白秋沙鸭和白琵鹭等珍稀鸟类。

（3）岳井洋湿地。

岳井洋湿地环境隐蔽，港汊、岛屿众多，生态环境优良，是海洋生物和鸟类栖息、繁殖或迁徙的重要场所（图3-5）。更为重要的是，岳井洋是维持三门湾石浦水道、珠门港水道等的主要纳潮区域，对维持三门湾整体生态系统健康和生态安全具有重要影响，对维护石浦港的运行具有决定性作用。

图3-5　岳井洋顶部的滩涂湿地照片

（4）西门岛国家级海洋特别保护区。

西门岛国家级海洋特别保护区于2005年批准设立，重点保护全国最北端的红树林群落。属于珍稀濒危海洋生物物种、经济生物物种及其栖息地，以及具有一定代表性、典型性和特殊保护价值的自然景观、生态系统（图3-6）。

（5）龙湾省级海洋特别保护区。

龙湾省级海洋特别保护区于2019年批准设立，总面积为2 294.826 4 km²。

龙湾省级海洋特别保护区拥有独特的自然河口沙洲地貌，是国际鸟类保护联

图 3-6　西门岛北岸红树林照片

图 3-7　龙湾省级海洋特别保护区照片

盟确立的重要湿地鸟区,在浙江省具有典型性。建立海洋公园对红树林湿地生态系统进行保护,对于维持瓯江南口海洋生物多样性,改善温州湾生态环境,为候鸟提供越冬场和迁徙中转站,具有重大意义(图3-7)。

(6)龙港红树林省级湿地公园。

龙港红树林省级湿地公园是在原苍南龙港新美洲红树林湿地保护区的基础上设立的,该保护区位于苍南县龙港镇新美洲村标准海塘外的鳌江河口滩涂上,经过10多年的建设保护,成林面积达到0.4 km²,是浙江省目前红树林保存面积最大,生长情况最好的一片(图3-8、图3-9),于2017年列入浙江省第二批重要湿地名录。

3. 综合评价结果

将定量评价结果和定性评价结果按照基本单元进行分块,然后按照高、中、低分级进行打分,并用层次分析法和熵值法来计算权重,最后根据基本单元的重要性得分按照高、中、低3级进行空间插图。得到初步结果后,按照主导生态功能的性质进行空间聚类分析,最终得到海域生态保护重要性分级。

图 3-8　龙港红树林湿地公园西片实景照片

图 3-9　龙港红树林湿地公园东片实景照片

3.3.2　大陆海岸线生态保护重要性评价结果

1. 浙江省大陆海岸线现状

1）大陆海岸线分布

海岸线分人工岸线和自然岸线两大类，其中自然岸线进一步细分为基岩岸线、砂砾质岸线、粉砂淤泥质岸线、自然恢复或整治修复自然岸线。按分布地域不同，由大陆、海岛岸线构成。

浙江省大陆海岸线北起平湖市金丝娘桥，经杭州湾、象山港、三门湾、浦坝港、台州湾、隘顽湾、乐清湾、温州湾、大渔湾、沿浦湾等主要海湾，南至苍南县虎头鼻。海岛岸线依海岛而生，其分布态势与海岛分布态势特征相同或相近，近大陆海岸量多、地势较高，远岸散少、地势较低。

2）大陆海岸线利用情况

用贴近海岸线的用海项占用海岸线长度来统计岸线利用长度，以此评价海岸线利用情况。已利用大陆海岸线长 1 406 km，占大陆海岸线总长的 66%。

2. 数据来源

表 3-17　大陆海岸线重要性评价指标来源

指标	数据来源	时间期限
海洋保护区	各海洋保护区选划报告	—
种质资源保护区	种质资源保护区选划报告	—
红树林	"三调"红树林图斑及浙江省海洋水产养殖研究所调查数据	2020 年
海岸线调查数据	浙江省自然资源厅（2019 年海岸线调查数据）	2019 年
坡度	全球 DEM 数据（https：//www.gebco.net/）	2020 年
植被	高清卫星遥感	2018 年
海岸线侵蚀速率	国家海洋局公报	2011—2016 年

3. 大陆海岸线评价结果

浙江省生态保护重要大陆海岸线长度为 674.77 km，占大陆海岸线总长的 31.74%。

表 3-18　浙江省大陆生态保护重要岸线分布表

序号	设区市	生态保护重要大陆海岸线长度（km）
1	宁波市	253.15
2	温州市	178.85
3	嘉兴市	17.73
4	舟山市	—
5	台州市	225.04
合计		674.77

4. 大陆海岸线生态保护重要区划定

根据《海洋生态保护重要性评价技术指南》要求，评价出的大陆海岸线向陆向海拓展形成海岸生态保护重要区，如图 3-10 所示。

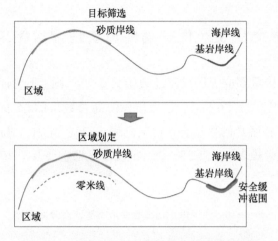

图 3-10　大陆海岸线生态保护重要区划定示意

向陆向海拓展距离。向海一侧一般按照自然地理边界将基岩岸线、生物岸线、砂质岸线、淤泥质岸线由高潮线延伸至岩石滩、生物滩、沙滩、淤泥滩等滩涂边界，基岩海岸线没有潮滩的向海扩展至海蚀平台。向陆一侧按照实际情况设置一定距离建设退缩线。建设退缩宽度没有一致的办法，自然过程、海岸类型等均可作为退缩依据。

自然过程考虑因素：极端风暴潮中海岸被侵蚀的距离、沙丘高度、植被等稳定因素、岸线长期侵蚀的距离、海平面上升因素、几段风暴潮期间的洪水水位、海岸后退速率与一定的时间年限等。

海岸类型考虑因素：淤泥质海岸和砂质海岸因地表物质松散，侵蚀淤积环境易改变，退缩距离确定需要参考长时间海岸线和海滩宽度变化；基岩岸线可依据海拔和坡度分为断层海岸和较低矮的基岩海岸，断层海岸如由坚硬的岩石组成，一般推荐第一条稳定植被线 15 m 作为退缩距离，如断层海岸由质地较软的礁石和砾石组成，则应考虑年侵蚀速率，海拔较低的基岩海岸不易受到侵蚀和崩塌危害，易受洪水危害，建议退缩 30 m。

综上所述，来确定不同类型岸线向海向陆拓展的距离（表 3-19）。

表 3-19　海岸线向海向陆拓展距离

海岸线	向陆退缩线	向海
基岩岸线	考虑海岸灾害影响范围	海蚀平台
生物岸线	地理边界+足够保护宽度	自然地理边界
砂质岸线	海岸退蚀速率×年限+海平面上升缓冲距离	自然地理边界
淤泥质岸线		自然地理边界

3.3.3 无居民海岛生态保护功能重要性评价结果

评价为重要和极重要的无居民海岛数量为 2 724 个（不含浙闽争议的 17 个无居民海岛），总面积为 18.36 km²，占无居民海岛总数量的 65.9%，占无居民海岛总面积的 18%，在各区县的数量统计情况见表 3-20，其中，舟山市下辖重要及极重要无居民海岛数量最多，为 1 337 个，宁波市下辖重要及极重要无居民海岛面积最大，为 6.08 km²。

表 3-20　生态保护功能重要海岛按地市分区统计

所在行政区	重要及极重要无居民海岛数量/个	面积/km²	面积占比/%
嘉兴市	24	0.36	2.0%
宁波市	363	6.08	33.2%
台州市	575	2.70	14.7%
温州市	418	4.16	22.6%
舟山市	1 337	5.04	27.5%
总计	2 724	18.36	100%

3.3.4 海洋生态保护重要性评价结果

1. 海洋生态保护重要性结果集成方法

海域、海岸线和无居民海岛采用的评价因子不同，三者对应的重要性评价结果覆盖范围不同，相互之间有重叠区域，重叠区域的评价结果之间存在局部冲突。在集成评价结果过程中，首先确立冲突区域修正原则，之后基于 GIS 软件提供的矢量数据空间分析功能，如"擦除""合并""消除"和"更新"等工具将三者集成于同一数据集中。

对于海域、海岸线和无居民海岛三者评价结果中存在的重叠区域，采用以下原则进行集成判断：以海域生态保护重要性评价结果为基础，以海岸线生态保护重要性评价结果为修正条件，通过判断矩阵（表 3-21）修正得到阶段性集成评价结果，之后再以无居民海岛生态保护重要性评价结果为修正条件，通过判断矩阵（表 3-22）对其进行修正，得到三者集成的评价结果。

表 3-21　海域海岸线生态重要性评价集成判断矩阵

生态保护重要性	海岸线生态保护极重要	海岸线生态保护重要	海岸线生态保护一般
海域生态保护极重要	极重要	极重要	极重要
海域生态保护重要	极重要	重要	重要
海域生态保护一般	极重要	重要	一般

表 3-22　海域海岸线和无居民海岛生态保护重要性评价集成判断矩阵

生态保护重要性	无居民海岛生态保护极重要	无居民海岛生态保护重要	无居民海岛生态保护一般
海域海岸线集成生态保护极重要	极重要	重要	一般
海域海岸线集成生态保护重要	极重要	重要	一般
海域海岸线集成生态保护一般	极重要	重要	一般

2. 海洋生态保护重要性结果集成结果

通过海域海岸线和无居民海岛生态保护重要性评价结果集成，得到浙江海洋生态保护重要性评价结果。极重要区域占海洋空间的 29.6%，主要分布在两大片区：近岸河口区域和邻近省管海域边界区，中部海域的极重要区相对较少。评价结果中，近岸极重要区主要分布在杭州湾南岸、象山港、三门湾、乐清湾、瓯江口、飞云江口和大渔湾等区域；远海极重要区主要分布在舟山东部海域、宁波韭山列岛和渔山列岛周边及其以东海域、台州大陈岛周边及其以东海域、温州洞头列岛周边及其以东海域、浙闽交接处的七星岛周边及其以东海域；中部海域极重要区主要分布在大戢洋、灰鳖洋、披山洋和南麂列岛周边海域等区域。评价结果中，重要海域围绕极重要区域均匀分布。

3.3.5　海洋生态保护重要性空间格局分析

1. 国家生态安全格局

依据《各省（区、市）生态保护红线分布意见建议》，浙江省海洋生态保护极重要区呈现"两带多点"分布格局，"两带"是指管辖海域东西两侧的远岸生态带与近岸生态带，主要生态功能是生物多样性维护及海岸防护；"多点"是指沿岸海湾内分布的重要河口滩涂以及特殊保护海岛，主要生态功能是生物多样性维护。

浙江省海洋生态保护重要性评价的极重要区基本呈现"三带"的分布格局，包括以重要河口、海湾内分布的湿地、红树林及大陆海岸线防护区构成的沿岸生态屏障，以马鞍列岛、中街山列岛、韭山列岛、渔山列岛、披山列岛、南麂列岛、七星岛等自然保护地构成的浅海生物多样性维护区，以及以水产种质资源保护区和产卵场保护区组成的重要渔业资源保护带。评价结果符合"两带多点"的国家生态安全格局。

2. 极重要区分布特征

因浙江省的重要经济鱼类产卵场保护区和种质资源保护区均分布在领海基线周边海域且面积较大，故浙江省海洋生态保护极重要区分布在外海的面积占比较大。

3. 与海洋生态保护红线符合性分析

《自然资源部办公厅 生态环境部办公厅关于开展生态保护红线评估工作的函》（自然资办函〔2019〕1125号）和《自然资源部办公厅 生态环境部办公厅关于印发生态保护红线评估调整成果审核有关材料的函》（自然资办函〔2020〕868号）明确，应划尽划是本次海洋生态保护红线评估调整的重点。应划尽划情况评估思路是在海洋生态保护重要性评价的基础上，确定海洋生态保护极重要区，然后将极重要区划入海洋生态保护重要区。

《生态保护红线评估调整成果审核要点》《浙江省生态保护红线审查要点（试行）》以及《关于生态保护红线划定中有关空间矛盾冲突处理规则的补充通知》（自然资办函〔2021〕458号）中规定，扣除矛盾冲突后的极重要区应全部划入红线，未划入红线的区域应逐图斑说明。

扣除浙江全省矛盾冲突及细小图斑扣除、边界修正后，海洋生态保护极重要区 9 820.99 hm²。海洋生态保护红线评估调整过程中，划入海洋生态保护红线的极重要区面积为 9 399.74 hm²，划入比例为 95.71%。调整后海洋生态保护红线生态格局明显改善，生态价值显著提高。未划入区域 421.25 hm²，主要是优化整合后自然保护地和产卵场保护区外围的不规则图斑。该问题在向海洋生态保护红线技术审核专家组说明后，已通过审核。

海洋生态保护红线的其他区域均位于海洋生态保护重要性评价的重要区内，故海洋生态保护重要性评价成果与调整后海洋生态保护红线的生态格局完全吻合。

第4章

———— 海域开发利用适宜性评价

4.1 评价方法

4.1.1 评价原则

1) 统一性和主导因素原则

海域开发适宜性评价是为了保证各个评价对象之间具有可比性，在选取评价对象时应该尽量选用各方面比较统一的评价因子，目的是使每个评价单元与所有参评指标之间都具有一定的相关性。每一个评价指标值都要对评价结果产生显著影响，突出主导因素对海域开发利用评价的作用，重点选择能体现海域使用质量优劣的主导因素，客观地反映各类型海域开发的适宜性程度。

2) 科学性和可行性原则

构建指标体系时应以理论分析为基础，但在实际中常会受到某种资料或数据的制约。因此，评价指标应含义清晰，以现实统计数据为基础，凸显评价的科学性。在评价过程中，指标体系的建立要结合海域开发利用的历史经验、未来发展趋势及海域开发对未来的影响，确定具有较强可行性的评价因素。在海域开发适宜性分级评价时要反映真实情况，遵循科学规范的原则，在技术上易操作，具有实用性。

3) 针对性原则

海域开发适宜性评价要针对特定的海域利用类型和方式来评价。海域利用是自然、经济和社会等各种因素共同作用的结果，因此在评价时要从具体情况出发，针对海域独特的自然条件和社会经济条件分析每一种用海类型和用海方式，充分反映海域开发利用适宜性特点。

4) 综合分析和海域分异原则

海域开发适宜性评价应根据海域利用具体类型，对影响海域使用效益的自然因素、社会因素和生态因素进行综合分析，最终按照综合得分划分海域开发利用适宜性级别。评价时要根据海域区位条件不同而形成的海域分异状况，把不在同一地区但用海类型相同的海域划为同一类。评价结果要体现海域自然特征的分布规律，同时符合海域所依托周围县（市）的社会经济情况。

5）生态优先原则

海域开发利用适宜性评价要充分考虑到生态约束条件，参照浙江省海洋生态红线划定的禁止区和限制区，明确海域开发利用适宜性分级时的控制范围。

4.1.2 评价方法

评价海域开发利用类型的自然条件指标、社会条件指标及生态条件指标具有多层次性，不同层次间评价因子的相互影响程度无法全部用精确值衡量。借鉴土地利用适宜性评价的方法，主要采用德尔菲法（Delphi）、层次分析法（AHP）和模糊综合评判法对浙江海域开发利用适宜性进行评价。

德尔菲法（Delphi）即专家打分法，它是通过征询有关专家意见，对专家意见进行统计、处理、分析和归纳，客观地综合多数专家经验与主观判断，对大量难以采用技术方法进行定量分析的因素做出合理估算，经过多轮的意见整理后，对价值可实现度进行分析的方法。

层次分析法（AHP）是将与决策有关的因素分解为目标、准则、方案等多个层次，在此基础上进行定性和定量分析的决策方法。这种方法的特点是对复杂的决策问题、影响因素、内在联系进行深入分析，利用定量信息使决策过程数字化，从而为多目标、多准则或无结构特征的复杂问题提供简便的决策方法。该方法适用于难以直接准确计量决策结果的因素。

模糊综合评判法由参评因子对所有事宜等级构成隶属度，建立参评因子和所有事宜等级的函数关系，评定结果则是参评因子对适宜性等级的隶属转置矩阵。参评因子对适宜性的影响程度用权重系数表示，构成权重矩阵。将权重矩阵与隶属值矩阵进行复合运算，最终得出综合评价矩阵，表示目标单元对事宜等级的隶属度。评价的"模糊性"体现在适宜等级的综合定级划分上。

4.1.3 技术流程

本章节构建了一种海域开发适宜性研究方法，并将其应用于浙江海域。根据浙江省海洋经济发展状况及用海需求特点，选取海水养殖、港口建设、海上风电和旅游休闲4类典型的海域用途，从自然条件、社会条件和生态约束条件3个方面选取具有代表性的指标构成评价指标体系。基于适宜性评价结果开展适宜性和兼容分析，最后根据分析结果提出浙江海域兼容开发利用的策略和建议。

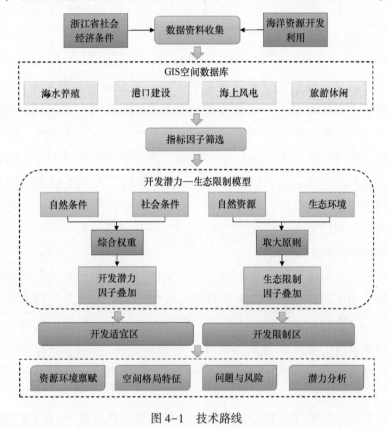

图 4-1 技术路线

4.2 海域开发利用适宜性评价指标体系

4.2.1 划分评价单元

评价单元是计算评价指标指数和综合指数的基本单元。评价单元的形式对指标指数的计算方法和海域开发利用适宜性级别划分的精度有重要影响。划分评价单元是海域开发适宜性评价工作中不可缺少的一步，划分单元能够方便地对各个评价因素进行取值，保证评价结果的准确性和合理性。

本章节利用 ArcGIS 软件平台对研究区海域（包含无居民海岛但不包含有居民海岛）进行 500 m×500 m 的网格化处理，每一网格即为一个评价单元（面积

25 hm²），研究区海域共划分为 173 977 个评价单元，其中嘉兴 6 291 个，舟山 76 674 个，宁波30 902个，台州 26 362 个，温州 33 748 个。

4.2.2　构建指标体系

浙江省海域开发利用适宜性评价是基于浙江海域各种用海类型的自然因素、社会因素和生态因素的影响，确定主要的评价指标。对于一些特殊的用海类型，需增加符合该用海类型的特殊因素。在对某一类型海域进行评价时，应对评价指标有所选择。本章节采用相关分析法，根据上述评价指标选择原则，结合浙江省海洋资源特点和经济社会发展状况，在众多相关资料[64-66]的基础上提取出与海域开发利用相关度较大的指标，同时采用因子分析法简化层次结构，最终根据 4 类海域开发利用方向构建 4 个指标层次结构（表 4-3～表 4-6）。

1）自然因素指标

海域自然条件的优劣将直接影响海域质量的好坏，从而影响海域开发利用的效益。此外，不同的自然条件因素会影响海域使用的方向，海域利用方向不同又导致海域利用适宜性程度不同。针对浙江省 4 类典型海域用途，本章节选取海水水质、叶绿素浓度、海洋生物资源丰度、水深、坡度、离岸距离、离河口距离、平均风速、海表温度和日照时间共 10 项自然因素指标。

2）社会条件指标

海域开发利用所依托的社会发展状况、交通基础设施等社会因素直接影响社会生产规模和海洋开发能力。因此，本章节在社会条件指标中选取交通发达指数、离城镇距离、离港口航道区距离和离旅游产业聚集区距离 4 项指标。

3）生态约束指标

生态条件对海域开发利用起到限制性作用，海域的开发利用不能以降低生态效益为代价。本章节主要参考浙江省海洋生态红线划定初步成果，选取 3 项生态指标，分别为离海洋保护区距离、离国家级水产种质资源保护区核心区距离以及离重要渔业区距离。

4.2.3　确定指标权重

评价指标的权重反映各指标在等级评估中的相对重要程度，是等级评估的关键步骤之一。结合浙江省海域 4 种开发利用类型的适宜性评价指标体系特征，选用德尔菲法（Delphi）和层次分析法（AHP）相结合[67]确定各个评价指标体系的权重。

1）建立层次结构模型

首先从很多复杂的因素筛选出最重要的关键评价指标，并形成基于它们之间的约束关系的多层次指标体系。

2）构造判断矩阵

为了确定各层次、各因素之间的权重，将属于同一层级的所有指标因子进行两两之间的对比，按比较结果决定重要性程度评定等级（表 4-1）。两两比较结果构成的矩阵称作判断矩阵，其中 a_{ij} 为因素 i 与因素 j 两者之间重要性的比较结果。判断矩阵具有如下性质：

$$a_{ij} = \frac{1}{a_{ji}}$$

判断矩阵元素 a_{ij} 的标度方法如下：

表 4-1　比例标度

因素 i 比因素 j	量化值
同等重要	1
稍微重要	3
较强重要	5
强烈重要	7
极端重要	9
两相邻判断的中间值	2, 4, 6, 8

4.2.4　层次单排序及其一致性检验

根据上述判断矩阵，对于上层次中的某因子而言，可确定本层次与之有联系的各元素重要性次序的权重值。为了考察 AHP 决策分析法得出的权重是否合理，需要对判断矩阵进行一致性检验，具体步骤如下。

（1）计算判断矩阵每行元素的乘积，并计算其 n 次方根，得到新向量 $\overline{W_i}$

$$\overline{W_i} = \sqrt[n]{\prod_{j=1}^{n} a_{ij}} \quad (i = 1, 2, \cdots, n) \tag{4-1}$$

（2）将新向量归一化，即为权重向量 W_i

$$W_i = \frac{\overline{W_i}}{\sum_{i=1}^{n} \overline{W_i}} \quad (i = 1, 2, \cdots, n) \tag{4-2}$$

（3）计算判断矩阵的最大特征根 λ_{max}

$$\lambda_{max} = \sum_{i=1}^{n} \frac{(AW)_i}{nW_i} \quad (i = 1, 2, \cdots, n) \qquad (4-3)$$

（4）计算一致性比值 CR，检验判断矩阵的一致性：

$$CR = \frac{CI}{RI} \qquad (4-4)$$

其中

$$CI = \frac{\lambda_{max} - n}{n-1} \qquad (4-5)$$

式中，CI 为一致性指标，CR 为平均随机一致性指标（取值见表4.1-2），当 $CR <$ 0.10 时，判断矩阵具有一致性，否则就需要调整判断矩阵，直到得到满意的评价参数。

表4-2 平均随机一致性指标

阶数	3	4	5	6	7	8	9	10	11	12	13
RI	0.58	0.90	1.12	1.24	1.32	1.41	1.45	1.49	1.51	1.54	1.56

通过德尔菲法和层次分析法最终得到各个评价指标的权重值，经计算，4项用海类型适宜性评价指标体系的权重一致性检验 CR 均小于0.10。以下是各海域开发利用类型的适宜性评价指标权重值表（表4-3~表4-6）。

表4-3 海水养殖适宜性评价指标体系

一级指标	权重	二级指标	权重
自然条件	0.54	海水水质	0.22
		叶绿素浓度	0.10
		海洋生物资源丰度	0.22
社会条件	0.30	交通发达指数	0.18
		离港口航道区距离	0.12
生态条件	0.16	离海洋保护区距离	0.06
		离国家级水产种质资源保护区核心区距离	0.10

表 4-4　港口建设适宜性评价指标体系

一级指标	权重	二级指标	权重
自然条件	0.60	离岸距离	0.20
		水深	0.24
		坡度	0.08
		离河口距离	0.08
社会条件	0.20	交通发达指数	0.20
生态条件	0.20	离海洋保护区距离	0.20

表 4-5　海上风电适宜性评价指标体系

一级指标	权重	二级指标	权重
自然条件	0.44	平均风速	0.26
		水深	0.18
社会条件	0.17	交通发达指数	0.07
		离城镇距离	0.10
生态条件	0.39	离海洋保护区距离	0.20
		离重要渔业区距离	0.19

表 4-6　旅游休闲适宜性评价指标体系

一级指标	权重	二级指标	权重
自然条件	0.57	海表温度	0.23
		日照时间	0.25
		离岸距离	0.09
社会条件	0.29	交通发达指数	0.11
		离旅游产业聚集区距离	0.18
生态条件	0.14	离海洋保护区距离	0.14

4.2.5　数据来源与赋值

　　根据所确定的指标体系，以评价单元为单元，依托浙江省相关部门进行的有关涉海调查等资料成果，提取出浙江省海域自然条件、社会条件和生态条件等评价指标。由于本章节所选取的大部分指标为定性指标，故采用评分的方式使其量化。根据相关文献和说明文件，结合浙江省海域实际情况，将各个指标按照参考的分类依据划分为 1、3、5 三个档次，符合海域开发利用类型的海域指标条件越好，作用分值越高,最终综合得分也就越高。具体的指标数据来源及赋值标准见表4-7。

表4-7　海域开发适宜性评价指标赋值

一级指标	二级指标	数据来源	分类依据	赋值
自然条件	海水水质	浙江省海洋监测预报中心 (2015年夏季)	一类、二类水质	5
			三类、四类水质	3
			劣四类水质	1
	叶绿素浓度	浙江省海洋监测预报中心 (2015年夏季)	较高	5
			一般	3
			较低	1
	海洋生物资源丰度	浙江省海洋监测预报中心 (2015年夏季)	较高	5
			一般	3
			较低	1
	水深(港口建设)	浙江省DEM数据 https://www.gebco.net/	>15 m	5
			5~15 m	3
			<5 m	1
	水深(海上风电)	浙江省DEM数据 https://www.gebco.net/	<20 m	5
			20~50 m	3
			>50 m	1
	坡度	浙江省DEM数据 https://www.gebco.net/	<5°	5
			5°~10°	3
			>10°	1
	离岸距离	浙江省最新岸线修测数据 (2020年)	<5 km	5
			5~10 km	3
			>10 km	1
	离河口距离	浙江省"908"基础版本数据	<30 km	5
			30~60 km	3
			>60 km	1
	平均风速	全球共享数据 https://oceancolor.gsfc.nasa.gov/	>7.5 m/s	5
			6~7.5 m/s	3
			<6 m/s	1
	海表温度	全球共享数据 https://oceancolor.gsfc.nasa.gov/	较高	5
			一般	3
			较低	1
	日照时间	国家气象科学数据共享 服务平台	较长	5
			一般	3
			较短	1

续表

一级指标	二级指标	数据来源	分类依据	赋值
社会条件	交通发达指数	浙江省"908"岸线修测数据	距离铁路或高速公路 0~10 km	5
			距离铁路或高速公路 10~30 km	3
			距离铁路或高速公路 30 km 以上	1
	离城镇距离	浙江省"908"基础版本数据	<5 km	5
			5~10 km	3
			>10 km	1
	离港口航道区距离	浙江省海洋功能区划矢量数据	>1 km	5
			0.5~1 km	3
			<0.5 km	1
	离旅游产业聚集区距离	浙江省海岛大花园建设规划	<5 km	5
			5~15 km	3
			>15 km	1
生态条件	离海洋保护区距离	浙江省海洋生态红线（报批稿）	>1 km	5
			0.5~1 km	3
			<0.5 km	1
	离国家级水产种质资源保护区核心区距离	浙江省海洋生态红线（报批稿）	>5 km	5
			0.5~5 km	3
			<0.5 km	1
	离重要渔业区距离	浙江省海洋生态红线（报批稿）	>15 km	5
			5~15 km	3
			<5 km	1

在分类依据中，叶绿素浓度、海洋生物资源丰度、海表温度、日照时间等定性分类是对现有数据进行自然断点得到的；距离类指标分类是通过缓冲分析得到的。在水深数据划分依据中，港口建设需要较好的水深条件以保证通航，而海上风电主要考虑到建设成本问题，故优先选择 20 m 以内的海域。

4.2.6　综合评价得分

通过公式将多个指标的评价指标值进行综合计算，最终得出整体评价。本章节采用加权线性和法计算综合评价值，加权线性和法突出了评价值和权重较大值的作用，计算复杂程度较低[68-69]。其公式如下：

$$X = \sum_{i=1}^{n} W_i X_i \tag{4-6}$$

式中,X 为浙江省海域开发利用适宜性评价综合得分;W_i 为各评价指标的权重值;X_i 为单个指标的指标值;n 为评价指标的个数。

4.3 海域开发利用适宜性评价结果及分析

4.3.1 浙江省海域开发利用适宜性评价结果

根据浙江省海域适宜性评价指标体系得分,基于自然断点法将浙江省海域分为不适宜海域、较适宜海域和适宜海域 3 个级别。以下将从海水养殖适宜性、港口建设适宜性、海上风电建设适宜性以及旅游休闲适宜性 4 个方面对浙江省海域进行评价。

1. 海水养殖

依据海水养殖适宜性评价结果,浙江省较适宜海水养殖的海域占比最高,为 60.31%;其次是不适宜海域,占比 23.30%;适宜海域占比最低,占比 16.38%(图4-2)。

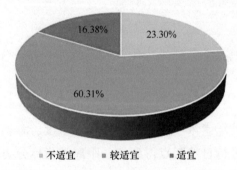

图 4-2 浙江海域海水养殖适宜性评价等级比例

适宜海水养殖的海域占比 16.38%,主要分布在浙江海域的东北部和南部,以及部分近岸海域,主要是东部的嵊泗、普陀、象山海域,以及南部的瑞安、平阳和苍南海域。适宜海域主要在海水水质、叶绿素浓度、距离海洋保护区和国家级水产种质资源保护区距离等方面具有相似性。对于浙江省东部海域和南部海域来说,具有较好的水质更加适宜海水养殖,靠近杭州湾的海域海水水质较差,但因为部分海域具有更高的海洋生物资源丰度和叶绿素浓度,所以部分海域也适宜进行海水养殖。

较适宜海域占比 60.31%,广泛分布在北部、中部和南部海域,这些海域的海水水质、海洋生物资源丰度方面次于适宜海域，其他指标得分一般，较适宜海域可以考虑适当进行渔业资源开发和渔业生产。

不适宜海域占比 23.30%，主要分布在海洋保护区以及国家级水产种质资源保护区附近，因为这些区域生态敏感性较高容易受到人类活动影响而限制其开发，因此不太适宜进行海水养殖。

2. 港口建设

依据港口建设适宜性评价结果，浙江省不适宜进行港口建设的海域占比最高，为 57.99%；其次是较适宜海域，占比 27.72%；最后是适宜海域，占比 14.29%（图 4-3）。

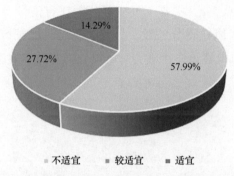

图 4-3　浙江海域港口建设适宜性评价等级比例

适宜港口建设的海域占比 14.29%，主要分布在浙江海域的靠近海岸线以及靠近河口的海域，主要是浙江北部的杭州湾、象山港海域，南部的乐清湾海域。适宜进行港口建设的海域要求比较特殊，地理位置至关重要，在离岸距离、海水深度、距离河口距离以及交通发达指数上都有较高的要求，因此适宜进行港口建设的海域占比较少，主要分布在沿岸、河口附近的海域。

较适宜海域占比 27.72%，主要分布在距离河口较远的海岸线海域，这些区域的地理位置、离岸距离、距离河口距离以及交通发达程度略差于适宜海域，其他指标得分一般。

不适宜海域占比 57.99%，主要分布在东部海域，虽然有些区域具有较好的水深条件，但是这些区域的位置距离海岸线远，交通十分不便，因此不太适宜进行港口建设。

3. 海上风电建设

依据海上风电建设适宜性评价结果，浙江省较适宜进行海上风电建设的海域占比最高,为 39.35%;其次是适宜海域,占比 34.15%;最后是不适宜海域,占比 26.5%(图 4-4)。

适宜海上风电建设的海域占比 34.15%,主要分布在浙江省的北部海域以及中南部部分海域,主要是北部的杭州湾海域,以及南部的温岭、玉环和洞头海域。适宜进行海上风电建设的海域首先要求其风力资源较好,具有较强的风速,其次是海水深度和距离城镇的距离。另外,海上风电建设势必会对附近的生态系统和生物造成影响,要避免建在海洋保护区以及重要渔业区附近。

较适宜海域占比 39.35%,主要分布在浙江省中部海域和南部海域,这些区域的风速条件、水深以及距离城镇的距离得分略差于适宜海域,其他指标得分一般。

不适宜海域占比 26.5%,主要分布在部分浙江省南部及中北部远洋海域,这些区域一部分是水深和风速得分一般。另外,离海洋保护区、重要渔业区距离较近,不适宜展开海上风电建设,否则会对重要生物资源和生态系统产生影响。

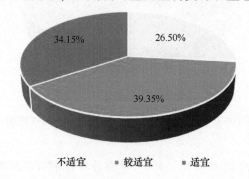

图 4-4 浙江海域海上风电建设适宜性评价等级比例

4. 旅游休闲

依据旅游休闲适宜性评价结果,浙江省不适宜进行旅游休闲的海域占比最高,为 51.73%;其次是较适宜海域,占比 39.01%;最后是适宜海域,占比 9.26%(图 4-5)。

适宜旅游休闲建设的海域占比仅为 9.26%,主要分布在浙江沿海海域、已有海洋旅游产业聚集地海域,包括北部的嵊泗、定海、普陀部分海域,中部的象山和宁海海域,以及南部的临海、椒江、温岭、乐清、洞头和苍南海域。适宜进行旅游休闲的海域要求温度适宜、日照时间长、离岸距离较近以及离旅游产业聚集区距离较近,其次是交通较为便利,距离海洋保护区较远,因为对交通、离岸距离、日照以及温度都有较高的要求,因此适宜海域占比较小。

较适宜海域占比 39.01%,主要分布在适宜海域的周边,这些区域的日照、温度、交通发达程度、离岸距离指标得分略差于适宜海域，其他指标得分一般。

不适宜海域占比 51.73%，主要分布在离岸较远的海域，以及日照和温度较低的海域，这些地区交通不便、距离岸线远、距离旅游产业聚集地也较远。另外，可能还处在海洋保护区附近不适宜进行开发活动，因此不适宜展开旅游休闲项目的建设。

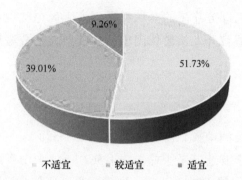

图 4-5　浙江海域旅游休闲适宜性评价等级比例

4.3.2　各地区海域开发利用适宜性评价分析

1. 嘉兴海域

嘉兴市位于我国大陆海岸线中段的东海之滨，长江三角洲南翼。市辖土地面积 3 915 km²，海域面积约 1 863 km²，其中滩涂面积约 5.7 万亩，大陆海岸线长 70.5 km，具有"港、渔、景、涂"等海洋优势资源；嘉兴市临近杭州湾，港口航道资源丰富，具有良好的深水港条件；鱼类品种繁多、水产资源丰富。嘉兴市鱼类品种多达 80 余种；宜开展自然景观和人文景观于一体的海岛旅游。

依据浙江省各用海类型适宜性评价结果，嘉兴市南部海域较适宜进行海水养殖，北部大部分海域不适宜海水养殖；对于港口建设，中部、北部和西部小部分海域适宜，而南部和东部大部分海域不适宜或较适宜港口建设；大部分靠岸的海域都适宜海上风电建设；北部小部分海域较适宜开发旅游休闲项目，其余大部分海域不适宜旅游休闲。

2. 舟山海域

舟山是全国唯一以群岛设市的地级行政区划，下辖 2 区 2 县，拥有渔业、港口、旅游三大优势。舟山是中国最大的海水产品生产、加工、销售基地，素有

"中国渔都" 之美称。舟山港湾众多，航道纵横，水深浪平，是中国屈指可数的天然深水良港。舟山拥有众多保存完好的海岛自然景色，蕴藏着丰富的旅游资源。

依据浙江省各用海类型适宜性评价结果，舟山市嵊泗、普陀东部海域以及定海、岱山西部海域适宜或较适宜进行海水养殖，中部海域不适宜海水养殖；对于港口建设，靠近舟山市海岛岸线的大部分海域都适宜，而远离岸线的海域不适宜或较适宜港口建设；大部分靠岸的海域都适宜海上风电建设；靠近岸线和旅游产业聚集地的部分海域适宜开发旅游休闲项目，其余大部分海域较适宜或者不适宜旅游休闲。

3. 宁波海域

宁波地处长江三角洲南翼，海域总面积为 8 355.8 km²。宁波海洋资源丰富，港口优势得天独厚，宁波港口岸线总长约 1 562 km，占全省的 30% 以上，其中可用岸线 872 km，深水岸线 170 km；渔业资源优良，紧邻舟山渔场，象山港为国家级沿海渔港经济区；海洋旅游资源优越，滨海地区具有 "滩、岩、岛" 三大特色，主要集中在象山港内和象山县沿岸。

依据浙江省各用海类型适宜性评价结果，宁波市西部靠岸的部分海域适宜进行海水养殖，中间海域较适宜海水养殖，而东部海域较不适宜海水养殖，原因除了海水质量以外，海洋资源丰富程度和叶绿素浓度也起了一定作用。另外，海洋保护区附近也不适宜进行开发活动。对于港口建设，靠近岸线的部分海域适宜，而远离岸线的海域不适宜或较适宜港口建设；部分靠岸的、远离海洋保护区的海域适宜海上风电建设，其余大部分海域不适宜或较适宜；靠近岸线和旅游产业聚集地的部分海域适宜开发旅游休闲项目，其余大部分海域较适宜或者不适宜旅游休闲。

4. 台州海域

台州位于浙江省南部，在港口、海岛、近海渔业、海洋能和滩涂、旅游等方面具有优势。岸线港湾资源丰富，海岛数量众多，其中无居民海岛位居全省第二位；渔业资源丰富，盛产大黄鱼、小黄鱼等数十种经济鱼类；海洋旅游资源富饶，沿海气候宜人，海洋旅游资源兼有自然和人文、海域和陆域、观赏和品尝等多种类型，有海洋世界、大鹿岛、蛇蟠岛等国家 4A 级旅游区。

依据浙江省各用海类型适宜性评价结果，台州市大部分海域较适宜或者不适宜进行海水养殖，只有部分靠近湾区的海域以及中部海域适宜，猜想原因是大部分海域海洋资源丰富程度和叶绿素浓度较差；对于港口建设，靠近海湾以及岛屿岸线的部分海域适宜，而远离岸线的海域不适宜或较适宜港口建设；靠岸海域适宜海上风电建设，其余大部分不适宜或较适宜；靠近岸线和旅游产业聚集地的北部和南部部分海域适宜开发旅游休闲项目，其余大部分海域较适宜或者不适宜旅游休闲。

5. 温州海域

温州市位于浙江省东南部，东濒东海，南毗福建省，西部及西北部与丽水市相连，北部和东北部与台州市接壤。海域面积约 11 000 km²，陆地海岸线长 355 km，有岛屿 436 个。海岸线曲折，形成磐石等天然良港；海洋生物资源丰富，南麂列岛有贝藻 490 余种，为国家级海洋自然保护区；旅游资源丰富，形成瓯江口、洞头、南麂和苍南在内的海洋旅游网络。

依据浙江省各用海类型适宜性评价结果，温州市南部大部分海域适宜进行海水养殖，小部分北部海域不适宜或较适宜，温州市大部分海域水质较好；对于港口建设，靠近海湾以及岛屿岸线的部分海域适宜，而远离岸线的海域不适宜或较适宜港口建设；靠岸以及中东部小部分海域适宜海上风电建设，其余大部分不适宜或较适宜；靠近岸线、岛屿和旅游产业聚集地的西部海域适宜开发旅游休闲项目，其余大部分海域较适宜或者不适宜旅游休闲。

4.3.3　用海兼容性评价

1. 海洋功能区划兼容性

根据《浙江省海洋功能区划（2011—2020 年）》登记表，浙江省海岸区共包含 22 种兼容用海组合，经统计分析后结果见表 4-8。由统计结果可知，浙江省海岸区中，政策允许存在兼容用海的海域面积高达 85% 以上（剩余的海域主要是保留区和重要航运区等，具有严格的单一用海限制）。

表 4-8　浙江省海岸区用海组合

编号	农渔业	海洋保护	旅游休闲	保留	特殊利用	港口航运	矿产能源	工业	占比
1	※		○		○	○			34.03%
2	※		○			○			13.46%
3	※		○						4.16%
4	※		○			○		○	0.79%
5	※		○					○	0.37%

续表

编号	农渔业	海洋保护	旅游休闲	保留	特殊利用	港口航运	矿产能源	工业	占比
6	※					○			0.20%
7			○			※		○	20.80%
8	○		○			※		○	1.18%
9	○					※		○	0.33%
10						※		○	0.20%
11	○		○			※			0.10%
12			※						4.30%
13	○		※			○			0.21%
14	○		※						0.06%
15	○						※		0.09%
16						○		※	1.30%
17	○							※	1.09%
18			○					※	1.07%
19			○			○		※	0.03%
20		※	○						0.64%
21	○	※				○			0.59%
22	○	※	○						0.35%

注：※表示主导用海；○表示兼容用海

根据浙江省海岸区用海组合（表4-8），主导用海类型为农渔业区的海域大都兼容旅游休闲用海和港口航运用海，或兼容两者其中之一；主导用海类型为旅游休闲区的海域部分兼容农渔业用海和港口航运用海，其余部分兼容两者其中之一；主导用海类型为港口航运区的海域大部分兼容旅游休闲用海，另有小部分兼容农渔业和旅游休闲两类用海。由于海上风电在海洋功能区划中没有具体的对应功能区，故此近似以矿产能源区代表海上风电建设海域。由表4-8可知，主导用海为矿产能源区的海域占比较小，其兼容用海仅农渔业用海一类。

2. 空间冲突兼容性

海洋功能区划兼容性是从政策角度出发，根据现行的《浙江省海洋功能区划

（2011—2020 年）》登记表对四类海域开发利用类型进行定性的兼容性分析。为了更加科学地评价这四类用海类型之间的兼容性，本节从空间冲突的角度出发，采用欧盟 COEXIST 项目中提出的 GRID 方法[70]，建立四类海域开发利用类型之间的空间冲突系数矩阵，以此来定量地评价它们之间的兼容性。

空间冲突系数的计算过程遵循以下共存方法论：

应用专家判断方法，通过 4 个属性（垂直尺度、水平尺度、时间尺度、移动性），描述各类用海特征，评价准则与评价结果分别如表 4-9 和表 4-10 所示。

表 4-9　用海特征评价准则

属性	评价准则
垂直尺度	海洋表层：value=1；底栖环境：value=2；全水域：value=3
水平尺度	小面积：value=1；中等面积：value=2；大面积：value=3
时间尺度	短：value=1；中：value=2；长/永久：value=3
移动性	移动：value=1；固定：value=2

表 4-10　四类用海特征评价

用海类型	垂直尺度	水平尺度	时间尺度	移动性
海水养殖	3	3	2	1
港口建设	2	2	3	2
海上风电	2	1	3	2
旅游休闲	3	2	2	1

在特征评价基础上，根据共存规则，计算每一对功能区组合的冲突系数：

若两项用海之间的垂直尺度不同，且都不是全水域，则冲突系数为 0；

若两项用海都是移动的，则冲突系数等于时间尺度和水平尺度最小值之和；

若上述两项规则都不适用，则冲突系数等于时间尺度和水平尺度最大值之和；

邀请专家调整各冲突系数，以兼顾实际情况，结果如表 4-11 所示。

表 4-11　四类用海冲突系数矩阵

冲突系数	港口建设	海上风电	旅游休闲
海水养殖	6	6	4
港口建设		6	5
海上风电			5

　　根据得到的用海冲突系数矩阵，可知旅游休闲与海水养殖之间的冲突系数最小，即兼容性最大；旅游休闲与其余两类用海（港口建设和海上风电）的冲突系数中等，兼容性一般；除旅游休闲之外的海水养殖、港口建设与海上风电三类用海之间的冲突系数相等且较大，说明它们之间的兼容性较小，在开发利用的过程中需要综合考虑多方面因素。

第 5 章

———— 海洋生态空间选划

5.1 海洋生态空间备选区域

浙江省海洋生态保护红线以 2021 年 6 月浙江提交自然资源部的红线评估调整结果数据为准，对海洋生态保护红线以外的生态极重要、重要区域，作为海洋生态空间备选区域，落实生态文明思想和绿色发展方式。浙江省海洋生态空间备选区域选划基本范围如下。

近岸重要河口海湾湿地：包括杭州湾、台州湾、三门湾、乐清湾、鳌江-飞云江近岸湿地，能够有效地维持重要河口海湾生态功能，与现有海洋生态保护红线衔接，缓冲周边开发利用活动对河口海湾的影响。

东部重要渔业资源水域：涵盖嵊泗-马鞍列岛、舟山列岛、韭山列岛、渔山列岛和温岭海域一带，是我国东海重要的渔业产卵场、珍稀濒危物种分布区，补充海洋红线内重要渔业水域的间隔地带，能够有效地保障海域生态廊道的连通性，进一步提升该区域对重要渔业资源支撑的有效性。

5.2 海洋生态空间矛盾处置

5.2.1 海洋生态空间的定位

衔接省级、市级国土空间规划指南中生态空间或生态控制区的概念解释，我们认为海洋生态空间主要承担两项任务：一是生态重要性未达极重要，但仍需保持自然属性和原貌，来实现生态服务功能，给人们提供优质生态产品；二是生态重要性为极重要，但由于人为活动破坏需实施生态修复才能恢复生态功能和价值，修复后可作为生态保护红线和海洋保护地储备。因此，对海洋生态空间内的矛盾处置将依据这两项功能定位开展。

5.2.2 备选区域开发利用现状分析

海洋生态空间备选区域内确权面积达 321.81 km²，涉及船舶工业用海、电缆管道用海、电力工业用海、港口用海、固体矿产开采用海、海岸防护工程用海、海底隧道用海、海水综合利用用海、航道用海、锚地用海、开放式养殖用海、围海养殖、工业基础设施、科研教学、路桥、旅游基础设施、人工鱼礁、污水达标排放、盐业、油气开采、游乐场等多个用海类型。从用海方式来看，开放式养殖占比最大，面积 151.89 km²，占比 47.2%，主要集中在象山、三门、温岭、苍南等近岸滩涂和海湾；其次是港池蓄水 55.14 km²，占比 17.13%，主要集中在河口两侧以及海岛沿岸；专用航道、锚地面积 42.17 km²，占比 13.10%（图 5-1）。

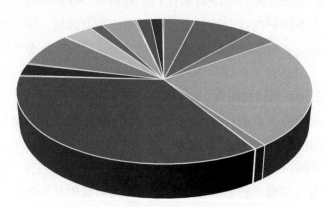

- 船舶工业用海
- 电缆管道用海
- 电力工业用海
- 港口用海
- 固体矿产开采用海
- 海岸防护工程用海
- 海底隧道用海
- 海水综合利用用海
- 航道用海
- 开放式养殖用海
- 科研教学用海
- 路桥用海
- 旅游基础设施用海

图 5-1　生态空间备选区域内用海类型

表 5-1　生态空间备选区域内用海方式

用海方式	用海面积/km²	比例
跨海桥梁、海底隧道等	6.53	2.03%
海底电缆管道	26.93	8.37%
非透水构筑物	3.55	1.10%
透水构筑物	17.92	5.57%
港池、蓄水等	55.14	17.13%
开放式养殖	151.89	47.20%

用海方式	用海面积/km²	比例
围海养殖	14.98	4.66%
取、排水口	1.12	0.35%
污水达标排放	1.11	0.34%
浴场	0.47	0.15%
专用航道、锚地	42.17	13.10%
总计	321.81	100.00%

5.2.3　备选区域开发利用现状处置

结合全国海域权属数据，对现有用海类型、规模、用海方式及其生态环境等进行判别，总结用海生态空间开发利用现状处置原则如下：

生态空间内有固定设施的开发性、建设性用海现状，运营期对生态环境持续产生负面影响的，将其用海范围及其所需的作业范围，调出生态空间，如港口、电厂温排水、海水综合利用、油气开发、风电等用海；若围海养殖、盐田等占用潮汐通道、重要河口，导致生态廊道狭束，亟需抢救性保护的，保留在生态空间内，围海养殖逐步有序退出。

生态空间内有非固定设施的开发性、建设性用海现状，运营期对生态环境持续产生负面影响的，从生态空间逐步有序退出，如矿产开采待海域使用权到期不再续。若开放式养殖占用潮汐通道、重要河口，导致生态廊道狭束，亟需抢救性保护的，保留在生态空间内，限制开放养殖规模和密度。

生态空间内有开发性建设性用海现状，运营期对生态环境持续产生负面影响较小，且为生态产品供给提供支持的，可保留在生态空间，包括传统及自然形成的渔船停泊点（岙口）或避风锚地、堤防防洪设施等。

根据浙江生态空间备选区域内海域权属情况，设置处置规则如表 5-2 所示。

表 5-2　浙江海洋生态空间现状处置规则

用海方式二级类	人为活动	生态影响	处置建议
非透水构筑物	工业、道路、港口、旅游和渔港基础设施	作为港口作业区域的一个部分，直接占用海域，改变自然属性，水域人为活动持续且剧烈	避让
	海堤	提供海洋防灾减灾公共服务	纳入

续表

用海方式二级类	人为活动	生态影响	处置建议
透水构筑物	工业和港口	作为港口作业区域的一个部分，水域人为活动持续且剧烈	避让
	科学研究和设备测试	相关设施多为点状，非永久性占用，对区域自然属性和生态功能影响较小	纳入
	路桥	不改变自然属性，相比非透水构筑物，海底压占面积小，对水动力和地形地貌影响较小	纳入
	点状分布的渔港、旅游、生活码头	不改变自然属性，对水动力和地形地貌影响较小	纳入
	人工鱼礁	礁体于开放水域水分散布局，水动力条件良好	纳入
港池、蓄水等	工业、港口、矿产开采、旅游基础设施、盐业、渔业基础设施	改变海域自然属性，需要定期疏浚维护，损害底栖生境，船舶石油类污染物"跑冒滴漏"，影响围海区域环境质量	避让
海底电缆管道	电缆、光缆、LNG、油气管道	线性基础设施穿越，运营期无排放或持续性扰动	纳入
开放式养殖	位于重要滩涂及浅海水域、河口、陆岛间潮汐通道的开放养殖	干扰近岸滩涂湿地生境，破坏河口及滨海滩涂自然风貌，需对开放养殖活动进行清退或规模密度限制	纳入
	其他连片分布的开放式养殖	规模化养殖和获取行为对底栖生境反复造成干扰	避让
围海养殖	影响重要河口、海湾内滨海湿地的围海养殖	占用潮汐通道、河口，导致生态廊道狭束，降低纳潮量，需抢救性保护，限制围海养殖规模和逐步退出	纳入
	其他围海养殖	占用滩涂、盐沼湿地	避让
跨海桥梁、海底隧道等	跨海桥梁、海底隧道	线性基础设施穿越，运营期无排放或持续性扰动	纳入
取、排水口	海水综合利用、海水淡化	长期工业用途取水，卷载效应损伤鱼卵仔鱼	避让
污水达标排放	污水处理排放	排放污水混合区水质下降明显	避让

5.2.4　海洋生态空间布局

　　以流域-河口-近岸海域为抓手，保障生态廊道连通性。遵循海岸带生态系统演进和物种活动规律，保护珍稀濒危物种的迁移路径，维护水系畅通、绿带绵延、生态功能完备，确保保护区、红线区等重要生态功能区之间的连通性。保护候鸟栖息地，渔业资源洄游通道等，通过恢复原有水系、绿化岸滩等方式，提升生态廊道的连通功能，防止生态空间破碎。水利、道路等基础设施建设应避免影响生态廊道畅通。

第6章

陆海统筹开发利用要素布局

6.1 陆海联运交通设施布局

6.1.1 港口发展现状与需求分析

浙江省沿海港口资源的地域分布较为均匀，其中，宁波舟山港、温州港、台州港和嘉兴港为4个主要沿海港口。目前，沿海港口形成了以宁波舟山港为中心，浙南温州港、台州港和浙北嘉兴港为两翼的发展格局。截至2020年年底，沿海港口货物吞吐量达14.1亿t（包括集装箱3 219万TEU，外贸货物吞吐量5.6亿t）。根据浙江省综合交通运输发展"十四五"规划，沿海港口预计完成投资约470亿元，新增吞吐量2亿t、900万标箱，新增万吨级以上泊位40个。重点将宁波舟山港建成支撑新发展格局的战略枢纽、服务国家战略的硬核力量、长三角世界级港口群的核心港口，全球第一大港、集装箱主干线港地位更加稳固。将温州港、台州港打造成集装箱支线港、区域性中转港、产业配套港，将嘉兴港打造成长三角海河联运枢纽港、浙北和钱塘江中上游地区重要出海口，加快形成全省港口一体化、协同化发展格局。

按照海洋强省国际强港目标，优化沿海港口一体化发展格局，继续以宁波舟山港为"一体"，以浙南温州港、台州港和浙北嘉兴港等为"两翼"，联动发展义乌国际陆港和其他相关内河港口，持续打造"一体两翼多联"港口发展格局。优化全省沿海港口码头功能布局，统筹全省岸线、航道、锚地规划建设，深化沿海港口资源一体化运营管理，提高沿海港口资源科学开发、集约化利用水平。

按照《浙江省沿海港口布局规划》，浙江沿海港口按全国沿海主要港口和地区性重要港口两个层次布局。

6.1.2　规划港口定位

沿海主要港口。规划宁波舟山港和温州港为全国沿海主要港口。全国沿海主要港口是综合运输骨干网络的重要枢纽和能源、外贸及战略性物资的集散中枢；是提高我国在全球范围内配置资源和市场竞争能力、参与经济全球化的重要基础设施；是满足区域经济发展和生产力布局、适应东部地区率先基本实现现代化的重要依托；是推动现代物流和促进临港产业发展的基础平台；是提高我国海运业全球化服务和港口业参与国际竞争能力的重要基础；是沿海港口中层次最高、辐射面最广、功能最完善的港口群体。

重要港口。规划台州港和嘉兴港为地区性重要港口。地区性重要港口是在地区经济发展及对外交往中发挥重要作用的港口，以地区重要城市为依托，有相当的经济基础和较好的港口条件，能通过交通干线，发挥对周围地区的辐射作用，并为地区发展经济和对外开放发挥重要作用。

各港区的功能定位如下。

（1）宁波舟山港。宁波舟山港是我国沿海主要港口之一和综合运输体系的重要枢纽，是上海国际航运中心的重要组成部分，是集装箱运输的干线港，是长江三角洲及长江沿线地区工业所需能源、原材料及外贸物资运输的主要中转港和国家战略物资储备基地，是浙江省特别是宁波市、舟山市发展国民经济尤其是海洋经济、开放型经济、临港工业、旅游业和开发岛屿、发展陆岛交通的重要依托。随着区域内综合运输体系的不断完善，港口的服务范围应进一步延伸和拓展，成为以能源、原材料等大宗物资中转和外贸集装箱运输为主的现代化、多功能的综合性国际港口。

宁波舟山港应围绕镇海、算山、大甜、香山、册子岛的大型石化泊位，形成石化工业、原油"海进江"转运体系和国家石油战略储备基地；加快北仑、马迹山、六横、衡山大型干散货中转运输基地建设，加强矿石、煤炭中转及后方工业配套服务体系建设，完善大宗散货运输系统；加强北仑、穿山、大栅、梅山、金塘和六横等集装箱专业化港区建设，进一步完善上海国际航运中心南翼集装箱干线港功能。

（2）温州港。温州港是我国沿海主要港口之一，是温州市国土开发、对外开放、发展外向型经济的重要依托；是浙西南及赣东、皖南、闽北等地区经济发展及对外交往的重要口岸。温州港应发展成为以能源、原材料等大宗散货和集装箱运输为主的多功能综合性港口。

温州港发展重点应逐步由瓯江口向外海转移。瓯江口内港区实现功能调整和城市化改造,与城市和谐发展。口外重点形成状元岙深水港区,建设大小门岛石化港区;结合后方国土开发,使乐清湾港区成为浙江南部以集装箱运输和发展物流、临港工业为主的综合性港区。

(3)台州港。台州港是浙江沿海地区性重要港口,是浙中南、闽北地区对外交往的重要口岸,是台州城市发展的依托和发展外向型经济的窗口,是发展临港产业基础的重要口岸,承担腹地经济发展所需能源物资、原材料的中转运输,是集装箱运输的支线喂给港。

台州港应利用大麦屿港区和临海头门岛的深水岸线资源,发展成为适应沿海大型船舶运输为主的深水综合性港区;利用海门、黄岩、温岭港区临近城市的优势,发展服务主城区和温岭地区的沿海运输;健跳港区重点发展临港工业。

(4)嘉兴港。嘉兴港是浙江沿海地区性重要港口,是浙北杭州、嘉兴、湖州等地区发展经济和对外贸易的重要窗口,煤炭、油品等能源运输的重要口岸,杭州湾北岸临海工业园区发展的重要依托,主要承担本地区所需能源、原材料沿海运输和外贸物资近洋运输任务。

嘉兴港应依托浙北经济比较发达地区,发挥临海滩涂资源优势,利用杭州湾北部通航条件,重点发展电力、石化等临港工业;依托毗邻上海的优势,为上海国际航运中心发展提供集装箱支线喂给运输。

6.1.3 港口建设适宜性

港口建设主要从海岸线、陆域及海域3个方面,通过海岸线底质类型、陆域坡度、水深、波高等自然指标开展评价。依据港口建设适宜性评价结果,浙江省不适宜进行港口建设的海域占比最高,为57.99%;其次是一般适宜海域,占比27.72%;适宜海域,占比14.29%。

由于适宜进行港口建设的海域要求比较特殊,地理位置至关重要,对离岸距离、海水深度、距离河口距离以及交通发达程度都有较高的要求,浙江海域适宜港口建设的区域主要分布在靠近海岸线以及靠近河口的海域,即浙江北部的杭州湾、象山港海域,南部的乐清湾海域。

一般适宜海域主要分布在距离河口较远的海岸线海域,这些区域的地理位置、离岸距离、距河口距离以及交通发达程度略差于适宜海域,其他指标得分一般。

不适宜海域主要分布在东部海域,虽然一些区域具有较好的水深条件,但是这些区域的位置距离海岸线远、交通十分不便,因此不太适宜进行港口建设。

6.1.4　港口用海布局策略

结合浙江省国土空间规划，强化浙中城市群核心功能，推动宁波舟山港带动能力向西拓展，完善沿海、沿江、内河港口和陆港网络体系，形成陆海统筹、内畅外连、便捷高效的大交通体系。根据浙江省港口发展的空间拓展和产业功能布局的需要，开展近海港用海布局分析。

（1）嘉兴港。

嘉兴港将加强与上海港和宁波舟山港两个国际大港的深入合作，形成独山、乍浦、海盐三大港区格局，主要发展集装箱、散杂货、液体散货运输。在空间布局上，突出嘉兴海河联运优势，彰显海河联运特色。统筹考虑城市空间结构和产业布局规划，嘉兴港总体上将呈"一港、三区"的空间格局。一港，即嘉兴港；三区，即独山港区、乍浦港区、海盐港区。嘉兴港进港航道主要通过金山航道（杭州湾商航道），也可经由宁波舟山港西航道、舟山中部港域西航道进出。

（2）宁波舟山港。

按照《宁波舟山港总体规划（2014—2030 年）》，根据宁波舟山港各自岸线的建港条件和发展潜力，结合相关产业及临海工业及其产业布局，从现有及拟建港区的现状出发，充分发挥各自优势，形成分工合理、协调发展的港口布局。

宁波港域港区在已建规模化港区的基础上，空间上形成北部以甬江港、镇海港、北仑港、石浦港、定海港等港群为主，南部以象山港、强蛟港、外干门港、乌沙山港和鄞奉港等港群分布为主的沿岸港口空间布局，各港口可分别向附近寻求空间拓展区。

舟山群岛新区港区以大岛为载体拓展空间，以功能为核心整合资源。舟山港域以六横、金塘、舟山本岛、岱山、衢山、洋山、马迹山等重点岛屿为主，整合区域小岛资源，兼顾运输功能重组优化，划分东北部嵊泗-衢山一带大小黄龙港区、洋山港区、绿华山港区、衢山港区、嵊泗港区等港群，以及舟山本岛-岱山一带近岸岱山港区、北仑港区、虾峙门口外港区、东霍山-大鱼港区、普陀港区等港群。

锚地布局规划区域为南部、中部和北部水域航道规划，南部规划象山港、石浦港南北向主航道为东航路。中部以南北向习惯航路（东航路、西航路）、东西向进港航道为总体布置格局，可由南至北布置：六横南进港航道、条帚门航道等。北部水域航道布局规划以南北向习惯航路、东西向进港航道为总体布置格局，可由南至北布置：衢山南侧进港航道、洋山进港航道等。

（3）台州港。

按照《台州港总体规划（2017—2030年）》，港区划分为临海港区头门作业区、温岭港区作业区等。其中，临海港区头门作业区是台州港未来发展重点，将其提升为头门港区；温岭港区作业区较为分散，其中龙门作业区发展空间较大。按照突出重点、层次分明的原则，考虑港区发展条件、产业规划和在主要运输系统中的定位，台州港可形成以头门、大麦屿、海门为重要港区，统筹发展健跳、龙门、大陈和其他港点的分层次布局。

（4）温州港。

温州港积极融入上海港、宁波舟山港的发展布局，成为长三角联动海西区的重要桥头堡。可分别在鳌江口、飞云江、乐清湾-瓯江口-洞头和苍南近岸地区发展扩大港口建设。

6.2 陆源排污倾倒设施布局

6.2.1 陆源排污倾倒现状

根据浙江海域权属数据，排污、倾倒、围海养殖、核电温排水等活动均是重要的陆源入海污染源，浙江省各市均有污染源分布，近岸以排污、围海养殖、核电温排水污染为主，在三门湾、乐清湾分布密集，近岸以外海域主要为倾倒区，离岸有一定的距离，舟山市、温州市海域分布较多。

（1）排污用海分布。

根据海域权属数据，浙江省共有25处排污倾倒权属，用海二级类全部为污水达标排放用海。这些用海设施主要位于嘉兴海盐县、嘉兴平湖市、舟山定海区、宁波象山县、宁波北仑区、台州三门县、台州玉环市、台州椒江区。

（2）围海养殖污染分布。

围海养殖过程会产生养殖尾水排放，是重要的陆源污染源之一。根据全国养殖调查数据，浙江省共有1 034处围海养殖活动，用海面积共计60 km²。这些养殖区主要位于浙江中南部海域，包括舟山市、宁波市、台州市、温州市，其中分布比较密集的位于象山港、三门湾、乐清湾、沿浦湾。浙江省围海养殖主要为贝类养殖、甲壳类养殖和鱼类养殖。

（3）核电温排水分布。

海上核电厂在运行期间会对海洋环境产生一定影响，其中冷却循环系统产生的温排水会对海域水文条件、海水水质、生态环境、生物群落组成与结构等多方面产生影响。由于核电排水口直接排放大量废热到周围环境中，因此排水口附近海域热污染更突出。目前，浙江省共规划 3 处核电项目，分别位于象山县、三门县、苍南县。

（4）倾倒区规划。

从全国倾倒区规划来看，浙江海域有 13 处可用倾倒区、25 处规划倾倒区，在全省海域均有分布，其中舟山、温州相对较多，台州、宁波较少，大多数规划倾倒区离岸有一定的距离。

6.2.2 陆源排污倾倒设施布局策略

针对不同的陆源排污倾倒设施，设置不同的布局策略。一是排污口、在用和国家批准的倾倒区是必要的、合法的进行海洋排污和倾废的特定海域，这些区域基本以点状零星分布在浙江海域，在规划中可划为特殊用海区；排污区周边主导功能若为工业用海的，可划为工矿用海区进行管理。此外，排污管线属于必要的民生线性基础设施，可以穿越生态空间，排污混合区不可位于生态空间。二是核电站在运行中会产生温排水热污染，工矿通信用海区的环境质量参照海洋功能区划工矿用海区环境质量要求，可以接纳核电或者火电 1℃温升排水，其包络范围可划为工矿通信用海区。三是围海养殖活动分布范围广，普遍存在于浙江近岸海域，作为滨海湿地的重要破坏因素，总体策略上应限制其扩张。围海养殖污染物以氮、磷、化学需氧量为主，但是排放量不固定、排放时间不持续，不必要划定专属的排污区域，将其划入渔业用海区，并按照相关环境质量要求进行管理。

6.3 跨海电力通信管线布局

6.3.1 跨海电力通信管线需求

海底电缆管道解决水电油气等资源的长距离输送，是重要的海底基础设施。浙江省是海洋经济大省，海岛众多、资源丰富，海底电缆管道对促进沿海地区社会经济发展起到了重要作用。然而，随着社会经济飞速发展，尤其是近年来海洋强省建设持续推进，海洋经济开发方兴未艾，海岛"三通"全面铺开，海底空间资源的紧缺日益凸显，特别是在岛屿密集、海洋开发活动活跃的海域，各类海底电缆管道密集布置，相互影响，与其他用海活动的矛盾日益加剧。

"十二五"期间，浙江省登记海底电缆管道建设项目为35个，"十三五"期间为65个，增长近1倍。"十四五"期间，随着海上风电、甬舟一体化、舟山绿色石化基地等海岛大工业、智慧海洋工程、十大海岛公园、海岛"三通"等建设不断推进，预计管线建设需求将更加强劲。根据近10年浙江省海洋经济发展规模，研究预计"十四五"期间，新建管线项目将超过100个，至2035年，全省管线数量将达到近千条。

统筹规划海底电缆管道空间布局是海域空间资源精细化管理的重要体现，也是海底电缆管道建设和保护管理的重要依据。

6.3.2 跨海电力通信管线建设现状

截至2020年12月，浙江省存量海底电缆管道共计478条（长度约4 583 km），其中服役465条（长度约4 355 km），废弃13条（长度约228 km），另有已批待建36条（长度约1 004 km）。

根据类型，在总计514条海底电缆管道中，输电电缆243条（长度约2 431 km），输水管道63条（长度约365 km），通信海缆83条（长度约818 km），油气管道50条（长度约1 195 km），排污管道44条（长度约32 km），取、排水管道24条（长度约10 km），国际光缆7条（长度约736 km）。

根据地域，在总计514条海底电缆管道中，有跨省（上海、浙江）管线12条，主要为在上海南汇登陆的国际光缆及跨杭州湾的油气管道；跨市管线47条，以跨宁波、舟山海域为主。全部位于嘉兴管理海域的管线共14条，均为短距离的排污管道、取排水管道；全部位于舟山管理海域的管线共300条，以输电电缆为主；全部位于宁波管理海域的管线共33条，以排污管道为主；全部位于台州管理海域的管线共49条，以输电电缆和通信海缆为主；全部位于温州管理海域的管线共59条，主要分布在洞头周边海域，以海岛"三通"类管线为主。

表6-1 浙江省海底电缆管道数量统计　　　　　　　　　单位：条

	输电电缆	输水管道	通信海缆	油气管道	排污管道	取排水管道	国际光缆	合计
跨省	2	0	1	2	0	0	7	12
跨市	23	5	5	14	0	0	0	47
嘉兴市	0	0	0	0	8	6	0	14
舟山市	175	44	48	17	7	9	0	300

	输电电缆	输水管道	通信海缆	油气管道	排污管道	取排水管道	国际光缆	合计
宁波市	1	6	1	7	13	5	0	33
台州市	19	2	17	0	10	1	0	49
温州市	23	6	11	10	6	3	0	59
总计	243	63	83	50	44	24	7	514

舟山由于群岛的地理特征，海底电缆管道分布最多，约占浙江省的六成，温州、台州次之。总体而言，为解决海岛地区通水、通电、通网而铺设的"三通"类管线占到绝大多数。近年来，随着海岛大工业、海上风电等开发活动持续推进，与之配套的管线也逐年增多。

舟山的海底电缆管道大致分布在 3 个方向上，首先是西向连接宁波和舟山的灰鳖洋及附近海域，其次是北向连接岱山直至花鸟山岛的杭州湾口门海域以及南向连接登步岛直至六横的穿山半岛东侧海域。温州的管线主要集中在洞头及周边海域。台州的管线主要集中在乐清湾及玉环。宁波的管线主要用于连接宁波和舟山，其自身以排污管道为主。嘉兴在沿海五市中海岛最少，管线也最少。

6.3.3　跨海电力通信布局策略

作为特殊的长距离用海方式，海底电缆管道的建设在空间上具有一定的不确定性，受到项目实施进度、登陆点的接入条件、周边海洋开发活动及海洋自然环境等因素制约。在跨海电力通信的整体布局时，应考虑保障生态系统的连通性和完整性，在生态极重要的地方禁止布局电力通信；另外，在布局跨海电力通信空间时，应该考虑充分整合在用、废弃和拟建的电缆管道空间，提高空间资源利用效率。

根据浙江海域特征及社会经济发展实际，主要针对以下 5 类管线需求划定跨海电力通信廊道区。①海上风电场送出电缆：根据已建、拟建风电项目的送出电缆路由，结合浙江省海上风电"十四五"规划，在海上风电场连片开发区设置统一廊道。②海岛大工业开发管线：舟山绿色石化基地等海岛大工业开发对水、电、油气等有较大需求，适合集中布置。③甬舟一体化相关管线：随着甬舟一体化战略推进，需要加强基础设施互联互通，择优选择管线廊道，并进一步谋划建立甬舟管线保护机制。④海岛"三通"管线：作为海岛工业开发、旅游业发展及其他生产生活必要的基础设施，适合集中布置。⑤国际光缆登陆段：数条在上海南汇登陆的国际光缆穿越舟山嵊泗海域，规划廊道对新建光缆路由进行约束，同时也有利于光缆的保护。

在浙江全省海域范围内划定44个跨海电力通信廊道区。舟山群岛周边海域为规划重点，向西连接大陆，向北、向南分别辐射至嵊泗、六横，充分有序地保障群岛地区社会经济发展的管线建设用海需求；划定多个连接外海的管线廊道，保障东极、南韭山列岛等远离大陆岛上居民生产生活需要，保障海上风电场有序开发。

线缆管道集中布局后，特定范围内管线的铺设和维护活动会更为密集，对海底生境的扰动会更为集中，但避免了对其他大部分海域的扰动。因此，管廊区域融入安排工矿通信、交通运输、渔业用海区等开发强度较大的用海区类型。

表6-2 浙江省跨海电力通信布局区

序号	市		布局区
1	嘉兴	1	"嘉兴海上风电送出电缆廊道"
2	舟山	25	"嵊泗北国际光缆廊道""花鸟至枸杞及嵊山管线廊道""绿华至花鸟管线廊道""嵊泗至绿华管线廊道""大黄龙至枸杞管线廊道""嵊泗至大黄龙管线廊道""洋山至嵊泗管线廊道""衢山至嵊泗管线廊道""岱山至洋山管线廊道""岱山至衢山管线廊道""岱山至绿色石化管线廊道""舟山至绿色石化及岱山管线廊道""岱山海上风电送出电缆廊道""宁波至绿色石化管线廊道""宁波至舟山马目管线廊道""舟山至岱山管线廊道""舟山至普陀管线廊道""白沙山至东极管线廊道""鲁家峙至登步管线廊道""登步至桃花管线廊道""桃花至虾峙管线廊道""虾峙至六横管线廊道""宁波至六横北管线廊道""六横至佛渡管线廊道""宁波至六横南管线廊道"
3	宁波	5	"慈溪海上风电送出电缆廊道""北仑至大榭岛管线廊道""象山至南韭山管线廊道""象山海上风电送出电缆廊道""象山至北渔山管线廊道"
4	台州	4	"临海海上风电送出电缆廊道""临海至头门岛管线廊道""台州至上下大陈管线廊道""玉环海上风电送出电缆廊道"
5	温州	9	"温州至大门管线廊道""大门至鹿西管线廊道""大门至青山管线廊道""大门至状元岙管线廊道""洞头至霓屿及状元岙管线廊道""龙湾海上风电送出电缆廊道""瑞安至北麂管线廊道""苍南北海上风电送出电缆廊道""苍南南海上风电送出电缆廊道"

嘉兴海底电缆管道较少，共划定1个廊道区。舟山是群岛地区，海底电缆管道建设需求大，目前已建管线约占全省六成，近年来海洋经济高速发展，除一般海岛"三通"类管线外，出现了聚集性管线建设的需求，共划定25个廊道区。宁

波海底电缆管道主要连接舟山，共划定 5 个廊道区。台州海底电缆管道主要集中在乐清湾及玉环，共划定 4 个廊道区。温州海底电缆管道主要集中在洞头，以海岛"三通"类管线为主，共划定 9 个廊道区。

6.4　海上风电设施空间布局

6.4.1　海上风电发展需求分析

海上风电作为清洁能源，发展需求明确且增长空间巨大。中共中央、国务院印发了《关于完整准确全面贯彻新发展理念做好碳达峰碳中和工作的意见》，指出到 2025 年，非化石能源消费比重达到 20% 左右，到 2030 年达到 25% 左右，到 2060 年达到 80% 以上，方案明确大力发展新能源，到 2030 年，风电太阳能发电总装机容量达到 12 亿 kW 以上。截至 2020 年年底，浙江全省累计核准海上风电项目 14 个，核准装机容量 408 万 kW，其中并网装机容量 45 万 kW。根据《浙江省可再生能源发展"十四五"规划》，浙江将积极推进已核准海上风电项目的开发建设，适时开展一批规划项目前期核准工作，加快海上风电规划修编，探索利用临近的专属经济区建设海上风电，实现海上风电规模化发展。"十四五"期间，全省海上风电将力争新增装机容量 450 万 kW 以上，累计装机容量达到 500 万 kW 以上。

6.4.2　海上风电适宜性

结合国家海洋局《海上风电开发建设管理办法》技术要求，除去生态保护红线，海上风电建设适宜性评价结果显示，浙江省一般适宜进行海上风电建设的海域占比最高，为 35.20%；其次是适宜海域，占比 32.41%；最后是不适宜海域，占比 32.39%。

适宜海域，主要集中在浙江省北部的舟山、宁波离岸海域，中部的椒江外侧海域，以及南部的温岭、玉环和洞头海域。适宜进行海上风电建设的海域首先要求其风功率密度较高，具有较强的风速，其次是海水深度和距城镇的距离，另外，海上风电建设势必会对附近的生态系统和生物造成影响，需要避免建在海洋保护区以及重要渔业区附近。

一般适宜海域，主要分布在浙江省中部海域和南部海域，这些区域的风功率密度条件、水深以及距离城镇的距离得分略差于适宜海域，其他指标得分一般。

　　不适宜海域,主要分布在部分浙江省南部及中北部远岸海域,因为水深较深、风功率密度较低等因素导致不适宜开展海上风电部署;近岸区域主要不符合《海上风电开发建设管理办法》要求,海上风电场原则上应在离岸距离不少于 10 km、滩涂宽度超过 10 km 时海域水深不得少于 10 m 的海域布局。

　　目前,海上风电确权海域均位于适宜区或一般适宜区范围内。根据《浙江省海上风电场工程规划报告》等相关规划,浙江目前共规划海上风电场址总面积 2 324.56 km²,其中 1 943.30 km² 在浙江海域范围内,经评估,81% 位于适宜区或一般适宜区,不适宜区域约 378.86 km²,占规划场址面积的 16.30%,其中 117.8 km² 不能满足离岸距离 10 km 和水深不得少于 10 m 的布局要求。其他不适宜区主要因为位于重要渔业资源水域等生态重要区。

表 6-3　风电规划场址适宜性检验结果

适宜性评价结果	规划场址面积/km²	比例
不适宜	378.86	19%
一般适宜	677.01	35%
适宜	887.43	46%
总计	1 943.30	100%

6.4.3　海上风电用海布局策略

　　浙江省大力推进海上风电作为清洁能源,是落实国家碳达峰碳中和的重要途径之一,结合海上风电适宜性评价和近岸滨海湿地、自然岸线及海岛生态保护的实际需求,优先在海上风电开发适宜区布局风电。浙江省北部海域风电适宜区最大且最为集中,重点可布局在杭州湾口的嘉兴、舟山邻接海域、嵊泗周边海域、普陀区南部海域等;浙江省中南部由于生态红线比例较高,近岸布局条件严格,风电布局只能以一般适宜区为主,主要分布在象山、临海、温岭、玉环、平阳、苍南海域远岸一侧,避免对生态保护红线、重要渔业资源和滨海湿地的完整性和生态系统连通性造成破坏或阻断。另外,风电的电缆分布密集,线缆路由应集中在规划海底管廊范围内,规范桩柱间线缆路由走向,宜直角转折,使海上作业人员便于推断电缆位置,保障通航和输电安全。省辖海域以外,风电规划面积 381.26 km²,占 16.40%,外海风功率密度条件佳,水深 30~40 m,当前开发成本偏高,待技术成熟后可考虑向外海拓展。

6.5　海上养殖空间布局

6.5.1　养殖用海需求分析

据联合国粮农组织预测，随着人口的增加和生活质量的改善，至 2050 年，全球水产养殖产量总量将达到 1 亿 t 的规模，表明水产养殖产品在我国乃至全球范围内均有较大的需求空间。随着中国式现代化建设进程的不断推进，生活质量明显改善，食品消费结构更趋优化，作为优质动物蛋白重要来源的水产品，国内消费需求将显著增加。在供给侧结构性改革为主要经济导向的背景下，未来水产品的需求增长将与经济总体增长相类似，水产品需求转向"绿色健康"的发展趋势，市场对价值高、品质好的多样化水产品的需求将不断提高。在内陆和近岸水产养殖水域资源趋于稳定，甚至缩减的情况下，我国提出"蓝色粮仓"概念，大力发展生态养殖、循环养殖、推进深远海养殖，水产养殖必将迎来新一轮的发展阶段。

根据《浙江省养殖水域滩涂规划（2019—2030）》，将可用于水产养殖的水域功能区划分为禁止养殖区、限制养殖区和养殖区。

浙江省共划定禁止养殖区 742 339. 16 hm²，其中，淡水地区 203 856. 47 hm²，海水地区 538 482. 69 hm²。对禁止养殖区内仍在开展水产养殖行为的处置，依据《浙江省水产养殖污染防治管理规范》执行。禁止养殖区内饮用水水源地一级保护区还应严格按照《饮用水水源保护区污染防治管理规定》和《浙江省饮用水水源保护条例》进行保护和管控。

浙江省共划定限制养殖区 1 829 548. 07 hm²，其中，淡水地区 86 047. 17 hm²，海水地区 1 743 500. 9 hm²。限养区内的开放性水域禁止施肥养鱼和围网养殖，采取污染防治措施，不对水体造成污染，不降低水环境质量标准。污染物排放不得超过国家和地方规定的污染物排放标准。

浙江省共划定养殖区 2 041 719. 78 hm²，其中，淡水地区 69 946. 01 hm²，海水地区 1 971 773. 77 hm²。另外，规划稻渔综合种养面积 44 995. 236 hm²。养殖区可进行海淡水养殖和工厂集约化养殖。养殖应当科学确定养殖密度，合理投饵、使用药物。养殖生产应符合《水产养殖质量安全管理规定》的规定。养殖生产者应采取有效措施，建设与养殖废弃物产生相适应的沉淀处理设施，采取物理、生物方法进行生态化处理，防止水产养殖尾水直接排放到周边水域。养殖尾水排放应达到国家和地方规定的排放标准。养殖生产者在养殖生产过程中不得使用农药进行清塘和清涂。

6.5.2　海水养殖适宜性

依据海水养殖适宜性评价结果，浙江省一般适宜海水养殖的海域占比最高，为60.31%；其次是不适宜海域，占比23.30%；适宜海域占比最低，占比16.38%。

适宜海域，主要分布在浙江海域的东北部和南部，以及部分近岸海域，主要是东部的嵊泗、普陀、象山海域，以及南部的瑞安、平阳和苍南海域。适宜海域主要在海水水质、叶绿素浓度、距离海洋保护区和国家级水产种质资源保护区距离等方面具有相似性。对于浙江省东部海域和南部海域来说，具有较好的水质更加适宜海水养殖，靠近杭州湾的海域海水水质较差，但因为部分海域具有更高的海洋生物资源丰度和叶绿素浓度，所以部分海域也适宜进行海水养殖。

一般适宜海域，广泛分布在浙江省北部、中部和南部海域，这些海域的海水水质和海洋生物资源丰度方面均次于适宜海域，一般适宜海域可以考虑适当进行渔业资源开发和渔业生产。

不适宜海域，主要分布在海洋保护区以及国家级水产种质资源保护区附近，因为这些区域生态敏感性较高，容易受到人类活动影响而限制其开发，因此不太适宜进行海水养殖。

6.5.3　养殖用海布局策略

海上养殖进行总体布局的目标是落实高质量发展，促进渔业供给侧结构性改革和渔业产业结构调整、优化产业转型升级、发展绿色生态渔业。空间布局思路是在落实区域海洋生态安全格局的基础上，保障养殖用海总体格局基本稳定，改善近岸养殖结构，拓展外海养殖空间。重点压减重要河口海湾围海养殖规模，调减过密近海养殖网箱，恢复陆海生态廊道和海湾、滩涂功能，鼓励发展离岸深水网箱养殖，探索发展深远海智能化养殖，以及养殖与风电、养殖与旅游等海域立体利用，实现养殖水域滩涂的整体规划、合理储备、有序利用、协调发展。

现行海洋功能区划已实施多年，已经形成了一些相对稳定的渔业开发利用格局，也基本符合自然资源客观分布条件。本次规划将结合多规合一的要求，在海洋"两空间内部一红线"的整体格局下对现行空间格局做出优化。优化的重点包括：①底线约束，划入红线的部分实施严格保护，参考生态重要性评价结果划定亟待保护修复的生态控制区，尽量维持自然原貌，降低养殖规模和密度；②陆海统筹，对与陆域、海岛渔业社区紧密关联的养殖现状区域，与生态空间和养殖适宜性评价结果一致的，尽可能地保留原有的渔业功能，鼓励发展海洋牧场和立体综合养殖，维护养殖业平稳健康发展态势；③在国家"双碳"目标下，支持海上风电的建设，腾退局部近海的渔业空间，或探索网箱和风电互补的用海新模式。

整体布局上，舟山群岛周边水域优先保障群岛航运、石化基地等国家战略功能落地，养殖区布局避让杭州湾和舟山东部生态保护红线，保护渔业资源产卵场。宁波、台州、温州养殖用海总体上近岸布局，为适度的游憩用海留出优质的岸线资源和近岸海域空间，对重要入海河口、滩涂盐沼湿地予以避让，维护生物多样性和陆海生态廊道的连通性；舟山、台州、温州引导养殖海域向深水离岛探伸，对省级规划的或已经投入生产建设的海岛修造船、港口、风电工矿通信用海现状、战略性预留海域予以避让，总体上保持近岸养殖用海格局的稳定。

6.6　亲海空间布局

6.6.1　旅游资源现状分析

浙江沿海气候宜人，自然环境独特，汇集着多种自然景观。旅游资源不仅数量大、类型多，而且区域分布较为集中，组成了杭绍甬人文自然综合旅游资源带、浙南沿海旅游资源区和舟山海岛旅游资源区，交相辉映，美不胜收。

浙江沿海的旅游资源兼有自然和人文、海域和陆域、古代和现代、观赏和品尝等多种类型，汇集着山、海、崖、海岛（礁）等多种自然景观和成千上万种海洋生物，涵盖了旅游资源国家标准中 8 个主类。

根据浙江省旅游资源普查结果，浙江沿海 7 市旅游资源单体总数达 13 545 个（不含未获等级的资源单体，下同），占全省旅游资源单体总量的 3/4。其中，沿海 36 县（市、区）拥有各类旅游资源单体 7 332 个，上述县（市、区）中直接临海的 262 个乡镇（街道）拥有各类旅游资源单体 3 573 个。全省滨海旅游资源在空间分布上呈现出大分散、小集中的格局，一方面为各地发展滨海旅游业提供了资源基础；另一方面也为开发建设大规模、综合性的滨海旅游目的地创造了条件。

6.6.2　空间布局需求

为落实习近平生态文明思想，践行"绿水青山就是金山银山"的理念，按照《浙江省义甬舟开放大通道建设"十四五"规划》《浙江省海洋生态环境保护"十四五"规划》要求，统筹山海生态文化资源，建设山海生态绿色廊道，打造"诗画浙江·海上花园"统一旅游品牌，全面建成中国最佳海岛旅游目的地、国际海鲜美食旅游目的地、中国海洋海岛旅游强省。

为推进陆海污染联动治理，加强海塘湿地、防护林等生态资源保护与景观改造，加快滨海湿地公园、风情渔港、文化体验圣地等生态海岸示范段建设。为加快推进海岛大花园建设，严格落实海洋红线，实施"美丽海岛""蓝色海湾"和舟山渔场修复振兴工程，建设嵊泗、岱山、定海、普陀等海岛公园。为强化舟山国际旅游岛高水平建设，推进宁波象山半边山等滨海旅游度假区建设，加快温州洞头、台州大陈、舟山-宁波邮轮港建设，打造世界级海洋旅游目的地。

6.6.3　亲海空间适宜性

依据旅游休闲适宜性评价结果，浙江省不适宜进行亲海空间建设的海域占比最高，为51.73%；其次是一般适宜海域，占比39.01%；最后是适宜海域，占比9.26%。

适宜作为亲海空间的海域主要分布在浙江近岸海域、已有海洋旅游产业聚集地海域，包括北部的嵊泗、定海、普陀、象山、宁海部分海域，中南部的临海、椒江、温岭、乐清、洞头和苍南海域。适宜进行亲海空间建设的海域要求温度适宜、日照时间长、离岸距离较近以及离旅游产业聚集区距离，其次是交通较为方便，距离海洋保护区较远，由于对交通、离岸距离、日照以及温度都有较高的要求，因此适宜海域占比较小。

一般适宜海域占比39.01%，主要分布在适宜海域的周边，这些区域的日照、温度、交通发达程度、离岸距离条件略差于适宜海域。

不适宜海域占比51.73%，主要分布在离岸较远的海域以及日照和温度较低的海域，这些地区交通不便、距离岸线远、距离旅游产业聚集地也较远。

6.6.4　亲海空间布局策略

为了深入贯彻落实习近平生态文明思想，强化陆海统筹战略，以自然人文特色区为核心，以自然人文廊道为纽带，建成具有现代特色、彰显滨海景观风貌的亲海生活空间。根据浙江省海洋空间总体格局，开展亲海空间布局分析，浙江近岸亲海空间主要集中在杭州湾北岸、宁波舟山近岸、台州和温州南岸，呈现"一带三点"的格局，具体如下。

嘉兴：位于杭州湾地区，是我国大陆海岸线中段的东海之滨，长江三角洲南翼，港口航道资源丰富；鱼类品种繁多、水产资源丰富；但由于近岸人工开发程度较高，自然景观较少，不适宜开展亲海空间建设，可在北部岛屿开展以自然景观和人文景观于一体的海岛旅游为主的亲海空间建设。

宁波舟山：港湾众多，蕴藏着丰富的旅游资源，靠近岸线和旅游产业聚集地的部分海域适宜开展亲海空间建设。宁波象山港更是具有国家级意义的大渔池，海洋旅游资源优越，滨海地区具有"滩、岩、岛"三大特色，在象山港内和象山县沿岸靠近岸线和旅游产业聚集地的部分海域适宜开展亲海空间建设。宁波和舟山拥有众多保存完好的海岛自然景色，强蛟半岛、半招列岛、渔山列岛、中街山列岛、梅山列岛、马鞍群岛等均可开展亲海游憩空间建设。

台州：岸线港湾资源丰富，海岛数量众多，沿海气候宜人，台州湾内风小浪低，滩涂范围较广，在旅游发展方面具有优势。海洋旅游资源兼有自然和人文、海域和陆域、观赏和品尝等多种类型，有蛇蟠岛等国家 4A 级旅游区，临海、温岭、台州列岛、玉环岛等靠近岸线和旅游产业聚集地附近的海域适宜开展亲海空间建设。

温州：东濒东海，南毗福建，海岸线曲折，旅游资源丰富，可形成瓯江口、洞头、南麂和苍南在内的海洋旅游网络，其靠近岸线、岛屿和旅游产业聚集地的西部海域适宜开展亲海空间建设。

6.7 海岸带防灾减灾布局

6.7.1 海洋灾害防御需求

随着全球气候变化，近年来，我国海洋灾害强度呈上升趋势，灾害脆弱性呈增大趋势，海洋经济损失呈增加趋势，这些都使我国的海洋防灾减灾工作面临新的挑战。海洋防灾减灾救灾是国家防灾减灾救灾体系的重要组成部分。党的十八大报告指出要"加强防灾减灾体系建设"，十八届三中全会《中共中央关于全面深化改革若干重大问题的决定》在第 50 条"健全公共安全体系"中提出了"健全防灾减灾救灾体制"的具体改革措施。

浙江省是海洋大省，也是受海洋灾害最严重的省份之一，台风、风暴潮、灾害性海浪、赤潮等海洋灾害时有发生。在海洋经济快速发展、海洋开发活动日趋频繁的同时，浙江省沿海地区的台风风暴、海浪等灾害所造成的经济损失总体呈上升趋势。据统计，浙江省每 3 ~ 5 年即会出现一次特大的风暴潮灾害，如"9417"号、"9711"号、"0216"号、"0414"号、"0509"号、"0608"号、"1323"号等台风风暴潮过程，都造成了大量的人员伤亡和严重的经济损失。《2020 年浙江省海洋灾害公报》显示，浙江省海洋灾害以风暴潮灾害为主，海浪、赤潮、咸潮入侵等灾害也有不同程度地发生。各类海洋灾害给浙江省沿海经济社会发展和海洋生态带来了诸多不利影响，共造成直接经济损失 3.55 亿元（温州、台州、宁波和舟山市分别为 1.86 亿元、0.85 亿元、0.82 亿元和 85 万元），未造成人员死亡（含失踪）。2020 年，海洋灾害直接经济损失最严重的是温州市，占全省总损失的 52%，嘉兴市未造成海洋灾害直接经济损失。

浙江省历来高度重视海洋灾害防御工作，坚持工程性措施和非工程性措施并重，着力推进海洋防灾减灾体系和能力建设，并取得了明显成效。2021 年，为提升浙江省重大海洋灾害防御水平，保障人民群众生命财产安全和海洋经济持续健康发展，根据《浙江省国民经济和社会发展第十四个五年规划和二〇三五年远景目标纲要》《中共浙江省委 浙江省人民政府关于推进防灾减灾救灾体制机制改革的实施意见》中共浙江省委办公厅和浙江省人民政府办公厅印发的《浙江省自然灾害防治能力提升行动实施方案》和自然资源部及浙江省海洋灾害防治有关部署，浙江省编制了海洋灾害防御"十四五"规划，规划提出到 2025 年，浙江省的海洋灾害防御公共服务和决策支撑要更加精细。

6.7.2 海岸侵蚀脆弱性

海岸侵蚀脆弱性评价主要指的是区域发生海岸侵蚀灾害的危险程度。对浙江海岸线进行脆弱性评价，主要孕灾因子包括海岸地形地貌条件、水文动力条件等，评价指标选择海岸底质类型，风暴潮最大增水和平均波高；动态因子包括现状海岸侵蚀速率，在其他因素一致的情况下，现状海岸侵蚀速率越大，危险性越高。

依据浙江省海岸侵蚀脆弱性评价结果，浙江省脆弱和极脆弱岸线占比达到34%，其中，极脆弱岸线 39.4 km，占全部岸线的 1.8%，脆弱岸线 683.8 km，占全部岸线的 32%。

极脆弱岸线零星分布在嘉兴市平湖市、宁波市象山县、宁波市北仑区、宁波市慈溪市、宁波市鄞州区、台州市三门县、台州市临海市、台州市温岭市、台州市玉环市、温州市乐清市、温州市鹿城区、温州市苍南县。这些岸线多为自然砂质岸线，在杭州湾、隘顽湾、大渔湾、三门湾、台州湾、象山港、沿浦湾、鳌江口、瓯江口等重要河口、海湾都有分布，这些极脆弱岸线应该限制开发，严格保护。

脆弱岸线分布在宁波市北仑区、台州市临海市、台州市椒江区、台州市路桥区、台州市温岭市、温州市乐清市、温州市平阳县、嘉兴市平湖市、嘉兴市海盐县、宁波市象山县、宁波市慈溪市、宁波市鄞州区、宁波市余姚市、宁波市宁海县、台州市三门县、台州市玉环市、温州市鹿城区、温州市龙湾区、温州市瑞安市、温州市苍南县。这些岸线多为基岩岸线、人工岸线和砂质岸线，这些岸线应该优化利用、限制开发或严格保护。

6.7.3　海岸带防灾减灾布局策略

海洋防灾减灾是浙江省海洋事业的重要内容，也是浙江省综合防灾减灾体系的重要组成部分。做好海洋防灾减灾工作，对于服务和保障海洋经济发展、促进社会和谐稳定具有重要意义，结合《浙江省自然资源厅关于加强风暴潮灾害重点防御区管理的指导意见》，空间布局安排如下。

（1）提升刚性。对沿岸开发程度高且人口密集的地区，须加强防灾减灾基础设施建设，依托海塘建设工程，提高现有海塘防御标准。当前，浙江省正在深入实施浙江海洋经济发展示范区和舟山群岛新区建设等国家战略，积极推进我国大宗商品国际物流中心建设和港航强省战略。面对沿海主体功能布局、投资密度的加大、各类经济要素的集聚，相关危化园区、工业园区、滨海新区、滨海旅游区和大型基础设施势必会在海岸带布局建设。这些沿海区域面临的首要问题是城市安全，包括保障海岸带陆域大量人员生命和财产的安全，以及应对气候变化可能引发的极端海洋灾害的抵御能力。因此，建议在宁波北仑、春晓、台州键跳、浦坝港南岸、椒江入海河道、脚桶洋、隘顽湾，温州乐清、龙湾、瑞安沿岸等重点防御区域，优先保障海堤建设修缮和加固，进一步提升海洋防灾减灾的能力和水平。

（2）建立韧性。对于生态功能重要但陆域人为活动密集的地区，须强化自然滩涂、盐沼湿地等缓冲区域保护，促进生态、减灾协同增效。浙江省岸线脆弱性评价结果和用海现状显示，浙江省脆弱岸线既承载着活跃的生物生态，也是渔业、修造船、港口等用海活动密集的区域，占用滨海湿地导致对风暴潮的缓冲功能被削弱。基于灾害防御和生态安全，河口海湾内浅海湿地的保护与开发利用矛盾亟待纾解。因此，有必要在宁波象山港、台州三门湾、台州湾南岸、龙门湖、沙门镇、乐清湾、鳌江口以南、苍南北部、沿浦湾邻近海域划定海洋生态空间,保护修复自然岸滩,疏通潮沟,恢复海湾纳潮能力,建立沿岸建设退缩线,避免陆域生产和生活基础设施集中布局,以基于自然的解决方案,提高对海洋灾害的自然防御能力以及气候变化相关的城市韧性。

第 7 章

―――――海洋空间格局划分

7.1 海洋"两空间一红线"总体格局

立足浙江自然地理格局、资源禀赋和生境本底,坚持陆海统筹、海陆联动、协调发展,构建"一核三带六湾多岛"的海洋空间开发保护总体格局,科学、高效、有序地推进海洋开发和资源保护。

"一核"为甬舟海洋中心城市核心区,以世界一流强港建设为引领,以国家级海洋经济发展示范区为重点,坚持海洋港口、产业、城市一体化推进,支撑打造世界级临港产业集群和增长极。

"三带"为陆海一体协同发展带、近岸综合保护利用带和近海生态安全屏障带。陆海一体协同发展带应统筹考虑陆海生态系统分布的完整性和陆海开发利用活动的关联性,确保红树林、滨海盐沼、重要河口等陆海连续分布的生态系统得到完整保护,临岸渔业、港口航运、滨海旅游、临海工业等陆海活动高度关联的区域实现陆海统筹。近岸综合保护利用带应充分协调各项用海需求,优化空间利用,筑牢生态安全本底,合理安排各项用海并预留后备海域利用空间。近海生态安全屏障带以渔业资源产卵场及水产种质资源分布区、领海基点海岛为主,主要生态功能为生物多样性维护。

"六湾"为杭州湾、象山港、三门湾、台州湾、乐清湾、温州湾。构建以美丽廊道、美丽岸线、美丽海域为重点的美丽海湾保护与建设布局,稳定提升海洋环境质量,持续改善生物多样性,保护修复滨海湿地,提升公众亲海体验感,有效构建数字治理体系,建设滨海宜居型、蓝海保育型美丽海湾。

"多岛"为重要海岛。根据各海岛的自然条件,科学规划、合理利用海岛及周边海域资源,着力建设各具特色的综合开发岛、港口物流岛、临港工业岛、海洋旅游岛、海洋科教岛、现代渔业岛、清洁能源岛、海洋生态岛等,发展成为我国海岛开发开放的先导地区。

浙江省海域面积约 4.4 万 km², 规划生态空间面积 1.8 万 km², 占全省海域面积的 41.3% (其中生态保护红线面积 1.46 万 km², 约占全省海域面积的 33.4%), 开发利用空间面积 2.6 万 km², 占全省海域面积的 58.7%。

7.2 海洋开发利用空间规划分区

7.2.1 分区布局思路

结合海洋开发利用现状、海洋开发利用适宜性评价, 衔接浙江发展战略, 框定海洋开发利用空间范围, 以陆海统筹为指引, 统筹确定海洋开发利用空间及内部分区。重点保障港口等集疏运体系、海上清洁能源、优质海产品增养殖、滨海旅游等有序发展空间。

7.2.2 规划分区方法

本章节采用空间叠置法, 因不同地区情况有很大差异, 在各类图件叠置时, 不可能把多种图件同时叠置在一起, 所以有一个前后顺序的问题, 叠置顺序采取先重点后一般的方法进行。通常是将海域使用现状作为叠置的底图, 将同比例尺的生态保护红线、生态控制区、自然保护地等进行叠置套合, 然后再叠置港口水域布局、滩涂养殖规划、海上风电规划、海底管廊规划、旅游规划等专项规划图件。如果叠置后分区界线与上一轮海洋功能区划是基本一致的, 就以原分界作为分区界线; 对不重叠界线, 需结合适宜性评价结果及规划要求和行业特点进行判别处理; 对界线不太明确或与实地有争议的, 计划与有关部门协商, 并通过科学论证后确定; 对一些功能重叠区域, 应根据其双重作用以战略重要性和生态优先的原则确定主导功能。

7.2.3 规划分区结果

渔业用海区: 以渔业基础设施建设、养殖和捕捞生产等渔业利用为主要功能导向的海域和无居民海岛, 面积 16 926.16 km², 占管理海域的 38.72%。在布局上, 主要分布在舟山嵊泗、岱山、象山、温岭、玉环、苍南外海, 以及三门湾、台州湾、瓯江、飞云江近岸。主导功能是开展符合法律法规的海洋捕捞活动, 维持高品质海产品的生产和可持续供给，通过海上养殖和捕捞提供优质的蛋白质来源保障，促进养殖生态化转型，建设和维护现代化渔业基础设施。

游憩用海区：以开发利用旅游资源为主要功能导向的海域和无居民海岛，面积672.80 km²，占管理海域的1.54%。在布局上，主要分布在舟山普陀岛群、六横岛、宁波象山港、石浦沿岸、台州五子岛、金清港、三蒜岛、石塘，温州炎亭、石屏近岸海域。主导功能是依托海岸自然景观、海岛自然风貌，以及传统渔业文化，开展适度的滨海旅游开发利用，构建更加广阔和开放的民众亲海空间。

交通运输用海区：以港口建设、路桥建设、航运等为主要功能导向的海域和无居民海岛，面积4 260.96 km²，占管理海域的9.75%。在布局上，以杭州湾为核心，大、小洋山，大、小鱼山，大、小门和黄泽山、双子山、鼠浪湖、衢山、金塘、六横、普陀山、朱家尖、桃花岛、梅山、大榭、头门、大陈、状元岙、灵昆等一批重要海岛为辅助，支撑国际强港和世界级港口集群建设。主导功能是统筹建设新一代泊位及其配套航道锚地，集聚建设大宗商品泊位区、集装箱泊位区，改扩建老旧码头，集中布局建设若干多式联运泊位及分拨平台。

工矿通信用海区：以临海工业利用、矿产能源开发和海底工程建设为主要功能导向的海域和无居民海岛，面积3 049.06 km²，占管理海域的6.97%。在布局上，工矿通信用海区主要布局在舟山普陀、嵊泗、岱山岛屿周边，台州临海东部、三门沿海，温州灵昆、苍南沿海。主导功能是推动构建环境优化、产品高端、技术先进的海工装备和高端船舶制造产业体系，打造世界级海工装备和高端船舶制造基地，重点发展绿色石化、液化石油气资源综合利用、新能源汽车、石化及煤化工装备、航空装备、先进发电装备、交通装备、工程施工装备等临港先进制造业。

特殊用海区：以污水达标排放、倾倒、军事等特殊利用为主要功能导向的海域和无居民海岛，面积89.89 km²，占管理海域的0.21%。在布局上，主要布局在现状陆源排污口区域、三门湾4℃以上温排水温升包络区域，以及生态环境部关于全国倾倒区征求意见稿相关区域，倾倒区均为离岸深水分布。

海洋预留区：规划期内为重大项目用海用岛预留的控制性后备发展区域，面积680.94 km²，占管理海域的1.56%。在布局上，主要分布在舟山岱山北部，宁波镇海沿岸、象山新桥，台州临海东部近岸、温州瓯江口沿岸。主导功能是在当前滨海湿地保护政策下，为未来重大战略项目落地和沿岸城市建设预留战略发展空间。机场、港口、核电等重大项目未有明确建设预期的划为海洋预留区，在规划期内需落实新的国家战略的建设项目，可启用预留区，待下一轮规划进行功能调整。

与原海洋功能区划对比显示，渔业用海原本为捕捞用途，作为优质生态产品的重要产区, 符合生态空间的定位, 划入生态控制区, 对捕捞的管控仍然应依据渔业法和相关规定实施。工矿通信用海比例上升, 体现了对海上风电的支持, 交通和游憩用海保持稳中有升。亲海空间得到扩大, 生态红线和生态空间都是允许适度的观光旅游及必要的基础设施建设, 至少11%以上的海域都兼具亲海的功能, 具体如表7-1所示。

表 7-1 规划分区与原海洋功能区划比较

新功能区	新功能区		原功能区		原功能区
	面积/km²	比例	面积/km²	比例	
生态保护区 (生态保护红线)	14 583.26	33.36%	4 937.21	11.21%	海洋保护区
生态控制区 (生态空间)	3 454.87	7.90%			
工矿通信用海区	3 049.06	6.97%	1 041.78	2.36%	工业与城镇用海区/ 矿产与能源区
交通运输用海区	4 260.96	9.75%	3 232.67	7.34%	港口航运区
特殊用海区	89.89	0.21%	131.58	0.30%	特殊利用区
游憩用海区	672.80	1.54%	617.40	1.40%	旅游休闲娱乐区
渔业用海区	16 926.16	38.72%	29 341.09	66.63%	农渔业区
海洋预留区	680.94	1.56%	4 733.10	10.75%	保留区

7.3 海洋规划分区管控要求

7.3.1 海洋生态控制区管控

1. 管控原则

鼓励依据国土空间规划、海洋生态修复专项规划等相关规划, 根据科学研究结果, 采取适当的人工生态整治与修复措施, 恢复海洋生态、资源与关键生境。

海洋生态控制区内禁止任何有损保护对象、自然环境和资源的行为, 在确保海洋生态系统安全和符合国土空间规划和其他相关规划的前提下, 允许适度利用海洋资源, 实施与主导功能相一致的生态型资源利用活动。

对海洋生态控制区内现有的各种不符合生态保护要求、有损海洋环境和资源的生产、开发活动，应当通过国土空间规划编制和实施，逐步退出。

2. 管控要求

1）新建扩建准入负面清单

总体上禁止改变海域自然属性，建设活动避让主要经济鱼类和珍稀保护动物产卵期。

旅游开发负面清单：禁止以围海或非透水方式建设旅游基础设施，禁止构筑物占用自然岸滩，海岸防护设施除外。

渔业生产负面清单：禁止围海养殖，禁止增加封闭或半封闭海域现有养殖规模，严格限制开放海域新增规模化养殖；禁止新建扩建三级以上渔港；禁止在重要经济物种和珍稀物种洄游通道建设永久性构筑物。

工矿通信用海负面清单：禁止新增线性基础设施以外的工业用海。

交通运输负面清单：禁止居民生活必需码头以外的港口码头建设，禁止新建扩建需要疏浚的锚地。

特殊利用负面清单：禁止倾倒和污水排污。

表7-2 海洋生态控制区新增人类活动准入表

开发利用		人类活动方式	生态影响因子	是否准入	限制措施
1. 工业用海	海砂开采		沉积物塌陷、底栖生物损失、悬浮物	◇	
	海上风电	风电机组	运营期水下噪声、施工期震动	◇	
	潮流能发电		滨海湿地占用	○	经论证对区域海洋生态功能无明显损害的可开展
	波浪能发电		滨海湿地占用	○	经论证对区域海洋生态功能无明显损害的可开展
	滨海电厂取、排水		温排水、余氯	◇	
	液化天然气取、排水		冷排水、余氯	◇	
	海水综合利用取、排水		温排水、余氯	◇	
	船舶工业		占用滨海湿地、废水、底质破坏、溢油风险、压舱水生物入侵风险	◇	
	盐业		占用滨海湿地	◇	
2. 海底工程用海	海底管道、电(光)缆、管道	海底通信光(电)缆、输水、油气管道	施工期悬浮物、破损物质泄漏风险	○	施工期应避开主要经济鱼类和珍稀保护动物产卵期
	海底隧道		爆破震动	○	施工期应避开主要经济鱼类和珍稀保护动物产卵期

续表

开发利用	人类活动方式	生态影响因子	是否准入	限制措施
3. 交通运输用海				
跨海桥梁		施工震动与悬浮物、运营期震动	○	施工期应避开主要经济鱼类和珍稀保护动物产卵期
公路（非透水）		水动力改变、占用滨海湿地	◇	经论证对区或海洋生态功能、岸线稳定无明显损害的可开展
港口建设		施工震动、悬浮物、水动力改变	◇	
航道建设		悬浮物、底栖生境破坏	○	必要的疏浚活动应避开主要经济鱼类和珍稀保护动物产卵期
锚地建设		悬浮物、底栖生境破坏	○	禁止需要流凌的锚地建设
海上航运		生物入侵风险、哺乳动物碰撞割伤、船舶兴波	◇	禁止船舶在海洋哺乳动物分布区域高频、高速行驶
4. 排污倾倒用海				
海洋倾倒		水质污染、悬浮物、海底地形变化	◇	
污水排放		水质污染	◇	
5. 旅游娱乐用海				
旅游基础设施用海	围海的码头泊位工程	水动力变化导致沙滩退蚀、滨海湿地占用、建筑垃圾	◇	禁止占用受侵蚀岸滩
	非围海的码头、栈桥、海上平台等	施工悬浮物	○	
水上活动	游艇、划船、帆板、冲浪、游泳等水面娱乐活动	旅游垃圾、船舶油污"跑冒滴漏"	√	
海岛观光	岛陆参观旅游	生活废水、废弃物	○	经充分论证可开展必要的公共设施建设

续表

开发利用	人类活动方式	生态影响因子	是否准入	限制措施
6. 渔业用海 规模化开放式养殖	网箱养殖（主要为鱼虾及甲壳）	改变水动力、药物残饵及排泄物、养殖物种逃逸	○	允许半封闭海湾内现有的开放养殖不再增加规模，优化养殖结构；开阔海域生态控制区，禁止新增规模化养殖区，允许零散的与资源环境承载力相适应的开放式养殖活动
	底播养殖（主要为甲壳、海珍品）	清滩行为风险、底质环境破坏风险	○	
	筏式养殖（主要为贝藻）	改变水动力、底质污染	○	
围海养殖	占用滨海湿地，生境碎化		◇	
海洋牧场	人工鱼礁	有害物质溶出、局部水流交换不畅、底栖生境破坏	○	礁体投放密度须经科学论证，保持区域水动力、地形地貌不发生根本性改变
	综合养殖平台	海洋垃圾、污水排放	○	禁止移动式养殖一体化平台，不得随意扩大和改变养殖作业规模，禁止垃圾、未经处理的生活废水排海
海洋捕捞	拖网、围网作业	底栖生境破坏、渔业资源损害	○	依据渔业管理相关法律法规实施管控。
	张网作业	过度捕捞幼鱼、阻碍洄游	○	
	刺网作业	丢失后易缠绕哺乳动物、海龟	○	
渔业基础设施用海	渔港码头	施工震动、悬浮物、水动力改变	◇	
	专用航道	施工震动、悬浮物、水动力改变、航行影响水生生物安全	○	必要的疏浚活动应避开主要经济鱼类和珍稀保护动物产卵期

续表

开发利用		人类活动方式	生态影响因子	是否准人	限制措施
7. 特殊用海	海岸防护	堤防防洪设施建设	潮间带生境损害，施工悬浮物	○	施工期避开主要经济鱼类和珍稀保护动物产卵期
	军事用海	略	—	√	
	科学研究与教育	经依法批准的非破坏性科学研究观测、标本采集	—	√	
	考古调查和文物保护	经依法批准的考古调查和文物保护活动	—	○	避开主要经济鱼类和珍稀保护动物产卵期。
	监测与执法	海上巡逻、检查、监管	—	√	
8. 其他非用海活动	生态修复	岸线、滨海湿地、海岛、海域整治修复	—	√	
	灾害防治和应急抢险	遇重大险情排放石油类、危化品、放射性污水，或丢弃装备	—	√	

注：√表示允许；○表示限制；◇表示禁止

2) 现状开发利用活动处置

根据海域权属和养殖现状调查,浙江生态控制区内存在 68.64 km² 的海洋开发利用活动现状,其中开放式养殖占 79%,围海养殖占 3.5%。另有多处点状、零散分布的生活必须港口、自然岙口形成的渔港码头构筑物,以及跨海桥梁、海底电缆管道等线性基础设施。具体处置建议如表 7-3 所示。

表 7-3 浙江海洋生态空间开发活动现状处置建议

用海方式	开发利用活动	面积/km²	处置建议	管控建议
透水构筑物	生活必要的港口、旅游、渔业基础设施	0.14	保留	不得随意改扩建,人工鱼礁扩建须经科学论证
	科研教学	0.37	保留	允许继续使用和修缮
	人工鱼礁	5.75	保留	扩建须经科学论证,保障区域水动力条件、海底地形地貌不发生本质变化
非透水构筑物	海岸防护工程	0.63	保留	允许加固和修缮
	点状分布的渔港码头、补给点	0.15	保留	允许继续使用和修缮,不得随意改扩建
港池、蓄水等	开放式的港口、旅游、渔港回旋水域	0.35	保留	严格限制疏浚范围不得增加
	科研教学	0.01	保留	允许继续使用和修缮
	盐业	0.07	退出	逐步有序退出
开放式养殖	位于重要滩涂及浅海水域、河口、陆岛间潮汐通道的开放养殖	54.52	有序退出/保留	位于重要海湾、河口内的网箱养殖退出,其他开放式养殖活动经科学评估控制养殖规模和密度
围海养殖	位于重要河口、陆岛间潮汐通道的围塘养殖	2.41	有序退出	占用重要河口海湾的,开展抢救性生态修复,逐步完成清退
跨海桥梁、海底隧道等	路桥用海	0.71	保留	更新、维护等活动应避让区域渔业资源产卵期
海底电缆管道	电缆管道、油气管道	3.54	保留	更新、维护等活动应避让区域渔业资源产卵期
总计		68.64		

透水构筑物:允许生活必要的或零星分布的港口、旅游、渔业透水码头继续使用且不得随意改扩建,允许科研教学用海保留在生态控制区继续使用和修缮,

允许人工鱼礁于开放水域科学布局，保持区域水动力、地形地貌不发生根本性改变。

非透水构筑物：允许点状分布的渔业基础设施用海在生态控制区内使用和修缮，禁止扩建，允许建设和修缮用于海洋防灾减灾的海岸防护工程。

港池、蓄水等：非围海的生活、渔业必需的码头回旋水域可保留在生态控制区，可通过海域整治进行必要的疏浚活动，严格限制疏浚范围不得增加。

开放式养殖：计划开展生态修复，逐步退出位于重要河口、潮汐通道、水交换不畅海湾内的网箱养殖活动，其他开放式养殖活动经科学评估控制养殖规模和密度。

围海养殖：逐步退出位于重要河口、滩涂、陆岛间潮汐通道的围海养殖活动，开展岸线和滨海湿地修复，对于已形成候鸟栖息地的围塘，通过对水鸟停留季节水位管控，实现对现有鸟类种群的保护。

线性基础设施：跨海桥梁、海底电缆管道等允许穿越，电缆管道更新、维护等活动应避让区域渔业资源产卵期。

7.3.2　海洋发展区管控

1. 管控原则

海洋发展区是允许集中开展开发利用活动的海域，以及允许适度开展开发利用活动的无居民海岛。应在维护海洋资源环境承载能力的前提下，保障各类开发利用活动空间，推进资源利用效率的提升与海洋经济发展。

一是绿色发展。开发利用空间并不是随意利用，各类开发利用活动也应在维护海洋资源环境承载能力的前提下开展。切实贯彻海洋环境保护相关要求，明确海域环境质量要求，不影响相邻的其他活动的正常开展。

二是集约节约用海。在保障各类海洋开发利用活动空间的基础上，应本着高质量发展的理念，按需集约节约用海，不盲目扩大用海规模，严格管理围填海等改变海域自然属性的用海活动，以提升单位面积经济产出为目标，推进资源利用效率提升。

2. 管控要求

1）渔业用海区

渔业用海区适于拓展农业发展空间和开发利用海洋生物资源，可供渔港基础设施建设、海水增养殖及捕捞生产等活动。渔业用海区应维护重要渔业品种及其栖息繁衍生境,禁止有碍渔业生产和污染水域环境的活动,同时鼓励和发展生态化养殖。

(1)海域使用类型要求。

渔业用海区允许准入渔业基础设施建设、增养殖和捕捞生产等渔业利用用途。可适度兼容风景旅游、文体休闲娱乐、海底电缆管道。

(2)用海方式要求。

渔业用海区除渔港、引桥、堤坝等基础设施建设用海外,严格限制改变海域自然属性;加强渔业资源增殖放流,科学规划与建设增殖放流区和海洋牧场,扩大放流规模,规范资源管理;合理利用海洋渔业资源,严格实行捕捞许可证制度,控制近海捕捞强度,严格实行禁渔休渔制度;合理规划养殖规模、密度和结构,保障渔业资源可持续发展。

(3)生态环境保护要求。

海水养殖区应严格落实生态环境保护措施,防止养殖污染,防止外来物种侵害,将养殖规模控制在资源环境承载能力范围内,维持海洋生态系统结构和功能的稳定,保护重要渔业资源及其生境。

海洋捕捞区要重点保障捕捞用海,实行捕捞许可证制度,控制近海捕捞强度,实行禁渔休渔制度,同时维护海域自然生态及环境质量,促进海洋生物资源可持续利用。

2)工矿通信用海区

工矿通信用海区适于拓展临海工业发展空间,开发利用海上矿产资源与海上能源,可供油气和固体矿产等勘探、开采作业,通信管道等基础设施建设以及盐田、可再生能源开发利用。工矿通信用海区应以陆海统筹思想为基础,加强与陆域功能和基础设施的相互协调,集约节约用海,促进经济效益的提升,同时加强用海活动监视监测,维持海洋环境质量现状,避免污染、溢油等事故的发生。

(1)海域使用类型要求。

工矿通信用海区允许准入工业、固体矿产、油气、可再生能源、海底电缆管道用海,兼容排污用海,禁止增养殖用海、海洋捕捞。

(2)用海方式要求。

允许适度改变海域自然属性,但对开发规模、范围和强度应开展严格论证,优化围填海平面设计,提倡和鼓励由海岸向海延伸式围填海逐步转变为人工岛式和多突堤式围填海,以及多区块组团式围填海,工程建设应维护海洋地形地貌和水动力条件的稳定。

(3)生态环境保护要求。

工业用海必须配套建设污水和生活垃圾处理设施,实现达标排放和科学处置。

除国家重大战略项目外，全面停止新增围填海项目审批。依法继续使用的围填海项目要同步强化生态保护修复，边建设边修复，最大程度地避免降低生态系统服务功能。建设用海要进行充分的论证，可能导致地形、滩涂及海洋环境破坏的要提出整治对策和措施。积极引导用海企业开展清洁生产，深入推进节能减排。海上矿产、能源开发利用过程中应加强对海底地形和潮流水动力等海洋生态环境特征的监测。

3）交通运输用海区

交通运输用海区适于开发利用海上交通资源，供港口、航道、锚地、路桥等交通设施建设。交通运输用海区要进一步优化港口资源整合，加强港口基础设施建设，完善综合交通体系和集疏运体系，扩大港口吞吐能力，着力提升港口服务功能。

（1）海域使用类型要求。

交通运输用海区允许准入港口、航道锚地、路桥、隧道用海。禁止在港区、锚地、航道、通航密集区以及公布的航路内进行与航运无关、有碍航行安全的活动，严禁在规划港口航运区内建设其他永久性设施。适度兼容船舶工业用海。

（2）用海方式要求。

允许适度改变海域自然属性，以构筑物和围海等用海方式实施交通运输设施建设，严格控制填海造地规模；严禁在规划港口航运区内建设其他永久性设施。

（3）生态环境保护要求。

工程建设应减少对海洋水动力环境、岸滩及海底地形地貌的影响，防治海岸侵蚀；维护和改善原有水动力条件和泥沙冲淤环境，加强海洋动态监测；强化污染物控制，提高粉尘、废气、油污、废水处理能力，实施废弃物达标排放，严格控制船只倾倒、排污活动，有效防范外来物种入侵以及危险品泄漏、溢油等风险事故的发生，确保毗邻海域的海洋环境及海域生态安全。

4）游憩用海区

游憩用海区适于开发利用滨海和海上旅游资源，供观光旅游景区开发和海上文体娱乐活动场所建设。应重视区域内自然景观和人文历史遗迹的保护，严格禁止破坏性过度开发活动，保护区域自然生态，加快旅游资源整合和深度开发，完善旅游配套设施，修复受损海域海岸带景观，防治海岸侵蚀。

（1）海域使用类型要求。

游憩用海区允许准入风景旅游、文体休闲娱乐用海，适度兼容开放养殖、海岸防护、科研教学用海。禁止污水达标排放、倾废用海、围海养殖用海。

（2）用海方式要求。

严格限制改变海域自然属性，允许以透水构筑物或非透水构筑物等方式建设适度规模的旅游休闲娱乐设施。应尽量保持重要自然景观和人文景观的完整性和原生性,禁止建设与旅游无关的永久性建筑物,严格控制占用海岸线、沙滩和沿海防护林的建设项目和人工设施。

(3)生态环境保护要求。

严格落实生态环境保护措施,合理控制旅游开发强度和游客容量,保护海岸自然景观和沙滩资源,避免旅游活动对海洋生态环境造成影响。防治海岸侵蚀,严格实行污水达标排放和生活垃圾科学处置,不应对毗邻海域的环境质量产生影响。

5)特殊用海区

特殊用海区供排污倾倒、军事、海岸防护工程等其他特殊用途使用,应严格执行相关法律法规和技术标准,确保不影响毗邻海域的环境质量。

(1)海域使用类型要求。

特殊用海区允许准入科研教学、军事、倾倒排污、海岸防护用海。主导功能未落实前可兼容开放式养殖用海。

(2)用海方式要求。

特殊用海区的军事用海应按军事用海管理办法管理。严格禁止军事用海内进行无关的航运活动以及建设基础设施。特殊用海区的倾倒区要加强倾倒活动的管理,把倾倒活动对环境的影响及对航道、锚地、养殖等功能区的干扰降到最小程度。

(3)生态环境保护要求。

加强倾倒区环境的监测、监视和检查工作,防止改变海洋水动力环境条件,避免对海岛、岸滩及海底地形地貌形态产生影响,根据倾倒区环境质量的变化及时作出继续倾倒或关闭的决定。

6)海洋预留区

海洋预留区指当前规划中暂未明确功能的空间,既是增强海洋空间生态功能的远期保障,又为重大项目用海用岛预留控制性后备发展区域,宜维持海域自然属性,控制区内的各项开发利用活动。

(1)海域使用类型要求。

维持自然属性,严禁随意开发。

(2)用海方式要求。

海洋预留区应加强管理,严禁随意改变海域自然属性。确需改变海域自然属性进行开发利用的,应首先修改国土空间规划,调整预留区的功能,并按程序报批。

(3)生态环境保护要求。

预留区海水水质、海洋沉积物质量、海洋生物质量等标准维持现状水平。

7.4　海岛空间划分

7.4.1　海岛空间划分思路

浙江省 4 370 个海岛地处 27°02′—30°52′N、120°25′—123°10′E，行政区划涉及沿海 5 个地市、23 个县（市、区），南北跨距约 420 km，东西跨距约 270 km，其中，4 148 个为无居民海岛。浙江省海岛空间分布相对集中，呈群岛、列岛形式展布的海岛，占海岛总数的 3/4 左右，距大陆最近距离在 30 km 以内的海岛占全省海岛总数的 62.9%。经统计，本轮红线评估调整纳入红线的无居民海岛总数 2 741 个。考虑到纳入红线的海岛已属于生态空间，数量占无居民海岛总数量的 66.08%。介于浙江红线海岛比例较高，为促进海岛优质生态产品的供给和价值发挥预留一定的发展空间，拟不在生态保护红线外选划生态控制区无居民海岛。

7.4.2　海岛空间划分结果

将浙江省无居民海岛划分为生态保护红线海岛和开发利用海岛，采用清单形式进行二级管控。

生态空间海岛（生态保护红线）：根据浙江省提交自然资源部的最新无居民海岛红线数据，纳入生态保护红线无居民海岛总数为 2 741 个（含浙闽争议海岛 17 个），面积 18.44 km²，占浙江省无居民海岛面积总数的 18.08%，集中分布于各岛群和较大海岛周边。

开发利用海岛：纳入开发利用空间的无居民海岛总数为 1 407 个，面积 83.56 km²，占浙江省无居民海岛面积总数的 81.92%。

7.4.3　海岛保护与开发利用方式

1. 生态保护红线内无居民海岛

按照海洋生态红线管控要求针对生态保护红线内无居民海岛开展管控，并在各海岛保护修复现状的基础上，因地制宜，各有侧重，开展海岛岸线、岛体、植被、沙滩和生物多样性的保护与修复，维护海岛生态功能，包括：

1）生态保护

严格保护生态保护红线海岛岛体和岸线、邻近海域自然生态系统和珍稀、濒危海洋生物物种资源，禁止对珍稀与濒危动植物进行捕捞和挖掘，严格限定、控制对一般经济鱼类的捕捞范围和强度，积极开展渔业种质资源的增殖放流。严禁在岛上进行与海洋自然保护地或生态保护红线许可范围外的其他任何工程开发活动和建设项目。积极改善海岛及其邻近海域环境质量，促进海岛生物资源的繁殖与自然恢复，加强岛体水土综合防治，控制近岸海域污染，推进海岛生态保护修复，实现海岛生态系统的良性循环。加强生态保护红线无居民海岛巡航执法检查和动态监管力度。定期组织开展基础调查和监视监测工作，及时掌握海岛地形地貌、生态系统和生物多样性变化趋势，积极开展保护范围内受损的动植物群落以及具有重要生态功能的岸滩、湿地的生态修复。

重点保护领海基点保护范围内海岛。按照《中华人民共和国海岛保护法》《领海基点保护范围选划与保护办法》等相关法律、法规要求，严格保护领海基点保护范围内海岛，任何单位与个人不得擅自开发利用。禁止在领海基点保护范围内进行工程建设以及其他可能改变该区域地形、地貌的活动；确需进行以保护领海基点为目的的工程建设的，按相关管理办法，进行科学论证，办理报批手续。获得批准进行的生态监测、科学研究调查、考察、助航设施维护等活动不得破坏岛礁地形、地貌，不得破坏生态环境，不得损坏领海基点及有关设施。对领海基点保护范围实施有效监控，加强对领海基点海岛及周围海域的巡查；定期开展领海基点保护范围内地形、地貌、植被、地质灾害等的监测工作。

2）适度利用

在符合红线管控要求前提下，经严格科学论证，可允许对部分特殊保护类无居民海岛开展有限、适度的科学调查监测、生态旅游等低强度、低干扰性活动；具体开展的活动须在市、县级海岛保护规划中予以明确，其活动区域和活动内容需经相关审批机关核准后方可进行，严禁开展与保护功能不一致的活动行为；开展的活动必须严格按环境容量限制游客人数，采取有效措施，防止损害保护对象。相关审批机关及其审批权限，根据《中华人民共和国海岛保护法》及相关法律、法规予以确定。

2. 开发利用无居民海岛

开发利用无居民海岛以滨海生态旅游、农林牧渔业和科研活动为主要方向；经严格论证，根据国家重大建设项目、省级重点项目、公共基础设施、公益事业和国防建设安排，可少量设置港口物流仓储、临港产业、清洁能源、渔港建设、城乡建设等开发利用的海岛。开发利用无居民海岛实行维持现有海岛和海洋生态环境状态的管理方针，在开展相关利用活动的同时，应注重对海岛生态、海岛景观、自然岸线等资源的保护，严格限制改变或影响海岛景观、植被、岸滩地貌等活动。

以滨海生态旅游、农林牧渔业功能为主的海岛：开展的相关利用活动必须符合规划对具体海岛的功能定位，并经过审批取得相关许可后，方可进行建设。利用活动需在岛上建设设施和进行部分改造时，应尽量避免改变海岛地形地貌、岸滩和植被；在建设过程中严格执行相关的环境保护政策，积极采取有效措施，防治水土流失；应严格遵守建设项目环境保护"三同时"的基本原则，加强对主要污染源的控制，生活污水、生产废水须处理达标后排放。

以落实国家或省级重大建设项目、公共基础设施、公益事业和国防建设为主的海岛：适度发展港口物流仓储、临港产业、清洁能源、渔港建设、城乡建设等。海岛开发利用必须符合市、县级海岛保护规划功能定位，并经过审批取得相关许可后，方可进行建设。对改变海岛自然属性，造成海岛消失的利用活动，在项目立项前应对环境影响进行充分论证，严格控制和监管；确需利用的，应在项目建设中尽可能减少开山取石等行为，保留海岛实体，将其作为山体绿地等用途，成为该区域的景观节点和生态涵养区域。

积极开展生态岛礁建设和海岛生态整治修复工作，整治和修复受损的自然景观和生态系统，有效恢复其生态系统功能。

积极推动"和美海岛"建设，建设一批"生态美、生活美、生产美"的和美海岛，促进海岛地区生态环境明显改善，人居环境和公共服务水平明显提升，居民收入显著提高，特色产业和绿色发展方式优势凸显，公众海岛保护意识普遍增强，推动海岛地区实现绿色低碳发展，促进资源节约集约利用，形成"岛绿、滩净、水清、物丰"的人岛和谐"和美"新格局。

第 8 章

———— 结论与建议

本书通过构建海洋生态保护重要性和海洋开发利用适宜性评价的定义内涵、价值取向、逻辑关联和评价模式，从海洋生态空间保护及海水养殖、港口建设、海上风电等开发利用方向出发，开展浙江省海洋"双评价"工作，支撑浙江省海洋"两空间内部—红线"划定，既是落实国家海洋"两空间内部—红线"划定试点的必要举措，也是浙江省编制国土空间规划的重要前提，更是统筹划定落实三条控制线并开展动态监测评估预警的基础支撑，可为优化浙江省海洋开发与保护空间格局、促进陆海统筹提供科学依据，支撑海洋强省建设。

8.1 主要结论

8.1.1 海洋生态保护重要性评价结论

浙江省海洋生态保护重要性评价的极重要区总体呈现"三带"的分布格局，包括以重要河口、海湾内分布的湿地、红树林及大陆海岸线防护区构成的沿岸生态屏障，以马鞍列岛、中街山列岛、韭山列岛、渔山列岛、披山列岛、南麂列岛、七星列岛等自然保护地构成的浅海生物多样性维护区，以及以水产种质资源保护区和产卵场保护区组成的重要渔业资源保护带。

评价结果符合"两带多点"的国家生态安全格局，并且极重要区与下发的《浙江省"两空间一红线"格局试算》中的红线范围基本吻合，与浙江省"三屏一带"中"一带"的总体生态格局相符合。浙江省海洋生态保护重要评价总体科学合理，为浙江省海洋生态保护红线评估确定基本的生态格局，也为浙江省海洋"两空间内部—红线"划定提供技术支持。

8.1.2 海域开发利用适宜性评价结论

浙江省海域适宜性评价结果主要呈现以下格局：海水养殖的适宜区主要分布在浙江海域的东北部和南部，以及部分近岸海域，适宜海域主要在海水水质、叶绿素浓度、距离海洋保护区和国家级水产种质资源保护区距离等方面具有相似性；适宜港口建设的海域主要分布在浙江海域靠近海岸线以及河口的区域，主要是浙江北部的杭州湾、象山港海域，浙江南部的乐清湾海域；适宜海上风电建设的海域主要分布在浙江北部海域以及中南部部分海域，主要是北部的杭州湾海域，以及南部的温岭、玉环和洞头海域；适宜旅游休闲建设的海域主要分布在浙江沿海海域、已有海洋旅游产业聚集地海域，包括浙江北部的嵊泗、定海、普陀部分海域，浙江中部的象山和宁海海域，以及浙江南部的临海、椒江、温岭、乐清、洞头和苍南海域。

根据浙江省海域适宜性评价结果，建议靠近大陆岸线和岛屿岸线的海域进行海上风电和旅游休闲建设，而靠近大陆岸线和河口航线区域的海域进行港口建设，浙江省东部和南部水质较好的海域可以进行海水养殖生产活动。浙江省海域开发利用适宜性评价总体科学合理，为浙江省海洋"两空间内部一红线"划定提供技术支持。

8.1.3 海洋"两空间一红线"划分结论

浙江省海域面积约 4.4 万 km^2，规划生态空间面积 1.8 万 km^2，占全省海域面积的 41.3%（其中生态保护红线面积 1.46 万 km^2，约占全省海域面积的 33.4%），开发利用空间面积 2.6 万 km^2，占全省海域面积的 58.7%。

8.2 海洋开发与保护建议

浙江省海洋"两空间内部一红线"作为省级国土空间治理体系下的一个重要内容，其划定结果与省级国土空间规划进行有机衔接，充分考虑浙江省海岸带的特点、面临的现实问题以及浙江省的发展契机，对陆海统筹的海洋开发与保护作如下建议。

8.2.1　守住底线，统筹陆海生态保护

以流域-河口-海湾为抓手，保障陆海生态廊道连通性。遵循海岸带生态系统演进和物种活动规律，保护珍稀濒危物种的迁移路径，维护水系畅通、绿带绵延、生态功能完备，确保自然保护地、红线区等重要生态功能区之间的连通性。重点保护候鸟栖息地、重要渔业资源产卵场、洄游通道等，通过恢复原有水系、绿化岸滩等方式，恢复流域生态廊道，防止生态空间破碎，加强近岸海岛及邻近水域的保护。

开展陆海联动的生态保护修复。向陆一侧，重点强化沿岸水土保持和山体保护，重点整治入海河流对沿岸农村面源、工业与生活垃圾，对湿地占用进行整治和修复，在城镇河段建立河岸、侵蚀严重海岸建立退缩线制度。向海一侧，分类分步综合施策，有序清退海洋生态空间围塘养殖权属，退养还滩、还海，抢救性恢复主要入海河口、潮汐通道、海岛等重要节点的滩涂湿地生态功能。通过海洋生态保护修复项目积极开展生态海堤建设，建设生态海岸带指标体系，科学评价浙江海岸带绿色发展的水平。

8.2.2　加强联通，强化陆海一体化开发

一是优化港口发展布局，强化陆海联运体系建设。继续以宁波舟山港为"一体"，以浙南温州港、台州港和浙北嘉兴港等为"两翼"，联动发展义乌国际陆港和其他相关内河港口，打造海河联运重点发展区，大力促进河海直达运输业务发展。发展优化海铁、海公和海空联运体系，提升陆运服务业水平，以海港、陆港、空港、信息港"四港"联动为支撑，进一步完善港口集疏运体系。统筹岸线、航道、锚地规划建设，深化陆海港口资源一体化运营管理。

二是合理布局海底电缆管道。合理利用废弃管线空间资源，整合已有管线海域空间，提高海域配置和利用效率。执行特定海域海底电缆管道集中布置制度，新建管线应尽可能与已建管线并行铺设，并优先使用已建管线附近空间。在技术可行的前提下，尽量减少各管线之间的布置间隔，尽量避免管线交越。登陆点应尽量集中，减少对海域资源和海岸线资源的占用。

三是统筹沿海风电布局。海上风电是重要的海洋新兴产业，具有产业链条长、技术含量高、产业规模大的特点，拥有良好的发展前景。作为我国实现"双碳"目标的重要支撑，海上风电将迎来大发展期。应根据海洋风能资源禀赋和区域能源供求状况，促进沿海地区海上风电规范和健康发展，避免无序竞争和资源浪费。

严格限制风电在滩涂和近岸地区布局，进一步明确产业走向深远海的导向要求，以规模化、集约化为导向，整合零散分布场址，统筹海上风电和岸上基础设施建设，进一步提高产业集聚水平和基础设施利用效率，减少对海洋生态环境的影响。

四是提升海洋防灾减灾水平。统筹考虑风暴潮灾害风险和隐患，强化自然岸线保护和无居民海岛保护，促进生态、减灾协同增效。加强减灾能力建设，开展重点防御区精细化管理，实施海岸带保护修复工程，建设生态海堤，提高岸线防御标准，提升抵御台风、风暴潮等海洋灾害能力；定期开展重点防御区灾害风险普查、减灾能力评价、风暴潮动态风险评估，提高综合减灾辅助支撑水平。

五是加强陆源污染治理。加强用海环境管理，实行入海污染物浓度与总量控制，有效削减主要污染物的入海总量，提高区域海洋环境质量。建立重点入海污染源、重点港湾监测体系，实现重点海洋污染源自动在线监控。优化海水养殖布局，对红线区内养殖行为进行清理整顿，严格规范生态控制区内养殖行为。提升大型沿海港口环境治理水平，建立健全港口、船舶含油污水、生活污水和垃圾接收、转运和处理体系，有效控制船舶港口污染。

8.2.3 塑造特色，彰显滨海景观风貌

加快发展滨海旅游，积极推进海湾海岛旅游带建设。深入挖掘宁波、舟山"海上丝绸之路"文化遗址价值，大力发展杭州湾、三门湾、台州湾、象山港、乐清湾等湾区旅游发展。加快打造滨海旅游景区度假区，编制浙江省海洋旅游发展规划，加强滨海游和海岛游串联，丰富旅游产品供给。充分利用海洋文化资源和滨海景观风貌，推出游艇钓、运动、食品养生等海洋旅游产品，开发邮轮游艇、海洋探险等高端旅游产品，打造海上运动赛事，大力发展海洋特色旅游。

加快推进海岛公园建设，着力打造"诗画浙江·海上花园"中国最佳海岛旅游目的地。围绕"一岛一特色、一岛一主题"，全面推进嵊泗、岱山、定海、普陀、花岙、蛇蟠、东矶、大陈、大鹿、洞头等十大海岛公园创建，实现景区村庄、乡镇、城区全覆盖，提高游艇邮轮、海岛度假、运动休闲、渔村体验、海洋探奇、生态研学等业态品质，进一步扩大国际海岛旅游大会、海洋音乐节等影响力，建立全省海岛公园联盟，助力浙江美丽大花园建设。

8.2.4 合理利用，盘活存量围填海

按照"多规合一"和陆海统筹的要求，应将历史围填海区域纳入国土空间规划和海岸带专项规划。聚焦产城融合发展，鼓励将产业园区中各工业项目的配套

比例对应的用地面积或建筑面积集中起来，进行要素整合，集中布局建设配套服务设施。

打造海洋产业集群和标志性产业链。引导绿色石化、高端装备制造、新材料、生物医药、新能源、现代海洋渔业等现代临港产业在历史围填海区域布局，支持国家和省级重大产业、科技项目向围填海历史遗留问题区域布局和集聚。

深化 "放管服" 改革，创新用海政策。试点开展 "集中连片论证、分期分块出让" 改革。推行海域审批格式清单制度，进一步简化海域使用论证，提高用海审批效率。加快推进围填海历史遗留问题区域内生态修复工作，探索围填海历史遗留问题处置范围内水系、绿化、廊道、生态保护修复措施等公益性配套基础设施实行用海备案审批改革。加强围填海历史遗留问题区域生态修复工程跟踪监测和效果评估，确保生态修复取得实效。

参考文献

[1] THOMAS MALTHUS. An Essay on the Principle of Population[M].London：Penguin Classics，1798.

[2] ROBERT EZRA PARK, ERNEST WATSON BURGESS. Introduction to the Science of Sociology [M]. Chicago：University of Chicago Press，1921.

[3] DONELLA H MEADOWS, JORGEN RANDERS, DENNIS L MEADOWS. Limits to Growth[M]. London：Chelsea Green Publishing，1972.

[4] UNESCO, FAO. Carring capacity assessment with a pilot study of Kenya：A resource accounting methodology for sustainable Development[R]. Rome：Food and Agricul-ture Organization of the U-nited Nations，1985.

[5] KENNETH ARROW, BERT BOLIN, ROBERT COSTANZA, et al. Economic growth, carrying capacity, and the environment[J]. Ecological Economics，1995，15(2)：91-95.

[6] 倪绍祥,陈传康. 我国土地评价研究的近今进展[J]. 地理学报，1993(1)：75-83.

[7] 孙志莹,郑世界,刘磊. 国土空间规划变革下的双评价研究进展及展望[J]. 中国房地产，2022 (22)：43-50.

[8] 张韶月,刘小平,闫士忠,等. 基于"双评价"与 FLUS-UGB 的城镇开发边界划定——以长春市 为例[J]. 热带地理，2019，39(3)：377-386.

[9] 夏皓轩,岳文泽,王田雨,等. 省级"双评价"的理论思考与实践方案——以浙江省为例[J]. 自 然资源学报，2020，35(10)：2325-2338.

[10] 姜长军,李贻学. 基于熵值法 TOPSIS 模型的陕西省资源环境承载力研究[J]. 资源与产业， 2017，19(3)：53-59.

[11] 农宵宵,吴彬,陈铁中,等. 基于"三生"功能的柳州市国土空间适宜性评价[J]. 规划师， 2020，36(6)：26-32.

[12] 岳文泽,王田雨. 资源环境承载力评价与国土空间规划的逻辑问题[J]. 中国土地科学， 2019，33(3)：1-8.

[13] 岳文泽,吴桐,王田雨,等. 面向国土空间规划的"双评价"：挑战与应对[J]. 自然资源学报， 2020，35(10)：2299-2310.

[14] 郝庆,邓玲,封志明. 国土空间规划中的承载力反思：概念、理论与实践[J]. 自然资源学报， 2019，34(10)：2073-2086.

[15] EDWARD J GREGR, ANDREA L AHRENS, IAN PERRY R. Reconciling classifications of eco-logically and biologically significant areas in the world's oceans[J]. Marine Policy, 2012, 36(3): 716-726.

[16] IUCN. Guidelines for using A global standard for the identification of Key Biodiversity Areas: ver-sion 1.2[M]. Gland, Switzer land: IUCN, 2022.

[17] VAL DAY, ROSEMARY PAXINOS, JON EMMETT, et al. The Marine Planning Framework for South Australia: A new ecosystem-based zoning policy for marine management[J]. Marine Policy, 2008, 32(4): 535-543.

[18] 王传胜,朱珊珊,党丽娟. 辽宁海岸带重点生态空间分类研究[J]. 资源科学, 2014, 36(8): 1739-1747.

[19] 徐惠民,丁德文,石洪华,等. 基于复合生态系统理论的海洋生态监控区区划指标框架研究[J]. 生态学报, 2014, 34(1): 122-128.

[20] 石晓雨,余静,曾容,等. 基于生态重要性评价的福建海洋保护格局优化研究[J]. 海洋通报, 2022, 41(2): 232-239.

[21] 费佳欢,王志文,陈培雄,等. 浙江省海域开发多宜性研究[J]. 海洋开发与管理, 2023, 40(2): 72-78.

[22] 李杨帆,张倩,向枝远,等. 基于生态系统服务的海洋空间开发适宜性评价方法及应用——以粤港澳大湾区伶仃洋为例[J]. 自然资源学报, 2022, 37(4): 999-1009.

[23] 候勃,岳文泽,韦静娴,等. 陆海统筹视角下国土空间开发适宜性集成评价研究——以浙江嘉兴市为例[J]. 海洋通报, 2022, 41(4): 461-472.

[24] 马仁锋,季顺伟,马静武,等. 海域"双评价"的实践与应用——以温州为例[J]. 经济地理, 2022, 42(1): 21-27.

[25] 曹庆先,张志卫,黄沛,等. 市县级海洋国土空间规划技术体系探索与编制实践——以广西壮族自治区北海市为例[J]. 海洋技术学报, 2021, 40(4): 95-103.

[26] 李彦平,刘大海,姜伟,等. 国土空间规划视角下海洋空间用途管制的关键问题思考[J]. 自然资源学报, 2022, 37(4): 895-909.

[27] 张尚武,刘振宇,王昱菲. "三区三线"统筹划定与国土空间布局优化:难点与方法思考[J]. 城市规划学刊, 2022(2): 12-19.

[28] 樊杰,周侃. 以"三区三线"深化落实主体功能区战略的理论思考与路径探索[J]. 中国土地科学, 2021, 35(9): 1-9.

[29] 岳文泽,王田雨,甄延临. "三区三线"为核心的统一国土空间用途管制分区[J]. 中国土地科学, 2020, 34(5): 52-59, 68.

[30] 魏旭红,开欣,王颖,等. 基于"双评价"的市县级国土空间"三区三线"技术方法探讨[J]. 城市规划, 2019, 43(7): 10-20.

[31] 赵广英,宋聚生. "三区三线"划定中的规划逻辑思辨[J]. 城市发展研究, 2020, 27(8): 13-19, 58.

[32] 赵广英,李晨. 生态文明体制下"三区三线"管控体系建构[J]. 规划师, 2020, 36(9): 77-83.

[33] 唐欣,钱竞,赖权有. 基于"三区三线"的国土空间管控思考[J]. 中国土地, 2022(1): 24-25.

[34] 刘冬荣,麻战洪. "三区三线"关系及其空间管控[J]. 中国土地, 2019(7): 22-24.

[35] 丁乙宸,刘科伟,程永辉,等. 县级国土空间规划中"三区三线"划定研究——以延川县为例[J]. 城市发展研究, 2020, 27(5): 1-9.

[36] 方利,姚敏,于忠伟,等. "三区三线"统筹划定中永久基本农田布局优化方法与实证[J]. 农业工程学报, 2022, 38(16): 42-50.

[37] 丁月清,杨建华,洪增林,等. 面向"三区三线"划定的城市群资源环境承载力评价方法研究——以关中平原城市群评价为例[J]. 西北地质, 2019, 52(3): 223-230.

[38] 刘勤志. 基于"多规"整合的"三区三线"划定及空间管控探索——以浏阳为例[J]. 贵州大学学报(自然科学版), 2019, 36(5): 88-94.

[39] 葛瑞卿. 海洋功能区划的理论和实践[J]. 海洋通报, 2001, (4): 52-63.

[40] 王江涛,郭佩芳. 海洋功能区划理论体系框架构建[J]. 海洋通报, 2010, 29(6): 669-673.

[41] 林桂兰,谢在团. 海洋功能区划理论体系与编制方法的思考[J]. 海洋开发与管理, 2008, (8): 10-16.

[42] 杨顺良,罗美雪. 海洋功能区划编制的若干问题探讨[J]. 海洋开发与管理, 2008(7): 12-18.

[43] 刘晓东,周连成,田艳,等. 浅谈新一轮海洋功能区划修编——以山东省为例[J]. 海洋开发与管理, 2017, 34(S2): 66-69.

[44] 许莉. 国外海洋空间规划编制技术方法对海洋功能区划的启示[J]. 海洋开发与管理, 2015, 32(9): 28-31.

[45] 王江涛,刘百桥. 海洋功能区划控制体系研究[J]. 海洋通报, 2011, 30(4): 371-376.

[46] 刘淑芬,徐伟,侯智洋,等. 海洋功能区划管控体系研究[J]. 海洋环境科学, 2014, 33(3): 455-458.

[47] 徐伟,孟雪. 海洋功能区划保留区管控要求解析及政策建议[J]. 海洋环境科学, 2017, 36(1): 136-142.

[48] 李锋. 海洋功能区划实施评价概述[J]. 海洋开发与管理, 2010, 27(7): 1-3.

[49] 黄沛,丰爱平,赵锦霞,等. 海洋功能区划实施评价方法研究[J]. 海洋开发与管理, 2013, 30(4): 26-29.

[50] 岳奇,徐伟,曹东,等. 新一轮海洋功能区划实施评价方法及指标体系研究[J]. 海洋开发与管理, 2015, 32(7): 18-22.

[51] 董月娥,徐伟,滕欣. 基于GIS的海洋功能区划实施评价方法研究[J]. 海洋开发与管理, 2014, 31(11): 27-31.

[52] 周鑫,陈培雄,相慧,等. 国土空间规划编制中的海洋功能区划实施评价及思考[J]. 海洋开发与管理, 2020, 37(5): 19-24.

[53] 王建庆,刘奎,任海波,等. 基于陆海统筹的海洋功能区划实施评估研究——以宁波市为例[J]. 安徽农业科学, 2021, 49(13): 69-73.

[54] 朱保羽,邵子豪,马仁锋,等. 海洋功能区划实施评估方法研究——以《温州市海洋功能区划

（2013—2020年)》及2018年修订版为例[J].海洋学研究,2021,39(2):60-67.

[55] 汪雪,陈培雄,王志文,等.国土空间规划体系中县级海洋空间规划编制实践[J].规划师, 2022,38(8):91-97.

[56] 桑新春,梁湘波,刘书锦,等.海岸带规划中的市县级海域功能分区方法研究——以江苏省东 台市为例[J].海洋湖沼通报,2022,44(6):183-191.

[57] 林静柔,陈蕾,李锋,等.国土空间规划海洋分区分类体系研究[J].规划师,2021,37(8): 38-43.

[58] 张晓浩,黄华梅,林静柔.市级海洋国土空间开发保护新格局的规划响应路径研究[J].规划 师,2022,38(1):85-90.

[59] 韩爱青,索安宁.试论新时代海洋空间规划的规划层级及规划重点[J].海洋环境科学, 2022,41(5):761-766.

[60] 周连义,陈梅,陈淑娜.海洋生态空间用途管制制度构建的核心问题[J].中国土地,2020 (12):23-25.

[61] 周连义,周丹,陈梅,等.大连海洋生态空间用途管制分区研究[J].海洋开发与管理,2021, 38(8):19-25.

[62] 赵蓓,周艳荣,邢聪聪,等.唐山乐亭菩提岛海上风电场对海洋生态空间的影响研究[J].海洋 环境科学,2022,41(4):496-503.

[63] COSTANZA R,GROOT R,SUTTON P,et al. Changes in the global value of ecosystem services[J]. Global EnvironmentalChange,2014,26:152-158.

[64] 尚美.河北省海域使用适宜性评价研究[D].河北师范大学,2011.

[65] 郑增凯.宁波市海洋功能区划合理性评价研究[D].浙江大学,2016.

[66] 苟刚.生态因素约束下海岸带开发适宜性评价模型研究[D].大连理工大学,2015.

[67] 刘光富,陈晓莉.基于德尔菲法与层次分析法的项目风险评估[J].项目管理技术,2008 (1):4.

[68] 胡树华.产品方案评价的加权综合评价法及其应用[J].中国机械工程,1993,4(5):4.

[69] 苏为华.多指标综合评价理论与方法问题研究[D].厦门大学,2000.

[70] JONGBLOED R H, JAK R G, BOLMAN B C. Interaction in coastal waters:A roadmap to sustainable integration of aquaculture and fisheries[M]. Carnegie Council on Policy Studies in Higher Education, 2011.